もくじ

生きものさがしをしよう
- 水辺で小さな生きものをさがそう 2
- 生きものをさがしに行くときは 12

しいくとかんさつ

[淡水の生きもの]
川や田んぼの生きものをつかまえよう 13

● **えび・かにのなかま**
- さわがに [淡水のカニ図鑑] 14
- ざりがに [ザリガニ図鑑] 16
- すじえび [淡水のエビ図鑑] 20
- かぶとえび [カブトエビ・ミジンコ図鑑] 22

● **かえるのなかま**
- あまがえる 24
- カエル図鑑 28
- かめ 30
- カメ図鑑 32

● **さんしょううお・いもりのなかま**
- さんしょううお 34
- サンショウウオ図鑑 36
- いもり [イモリ図鑑] 38

● **さかなのなかま**
- めだか [メダカ図鑑] 40
- ふな 44
- どじょう 46
- ほとけどじょう 47
- たなご 48
- もつご 50
- なまず 51
- 池や田んぼのまわりの魚図鑑 52
- おいかわ 54

- よしのぼり 56
- かじか 57
- やまめとあまご 58
- 淡水の魚図鑑 60
- きんぎょ 62
- キンギョ図鑑 64

● **かいのなかま**
- たにし [淡水の貝図鑑] 66

[海の生きもの]
海の生きものをつかまえよう 70

● **さかなのなかま**
- あごはぜ・なべか・おやびっちゃ・かごかきだい 72
- ちんあなご 74
- たつのおとしご 75
- 海の魚図鑑 76
- でばすずめだい・うずまき・はたたてはぜ 78
- くまのみ 80
- サンゴショウの魚図鑑 82

● **えび・かにのなかま**
- やどかり 84
- おかやどかり 86
- いそすじえび [海のエビ図鑑] 88
- いそがに 90
- しおまねき [海のカニ図鑑] 92

● **かいのなかま**
- あさり 94
- 海辺の貝図鑑 96
- 貝がらをさがそう 97

● **くらげ・いそぎんちゃくのなかま**
- くらげ 100
- いそぎんちゃく 101
- イソギンチャク・クラゲ図鑑 102

● **ひとで・うにのなかま**
- ひとで [ヒトデ・ウニ図鑑] 104

[いろいろな生きもの]

● **とかげ・やもり・へびのなかま**
- とかげ 108
- やもり 110
- へび 111
- トカゲ・ヤモリ・ヘビ図鑑 112

● **かたつむりのなかま**
- かたつむり 114
- カタツムリ図鑑 116

● **だんごむしのなかま**
- だんごむし 118
- えさになる生きもの 120

● **水族館へ行こう！**
- 井の頭自然文化園・水生物館 68
- 葛西臨海水族園 106

- しいく道具をじゅんびしよう 122
- じょうずにかうために 124
- 生きものが病気になったら 125

マークの見方

🪮 …体の大きさ(体長)。「殻高」や「甲幅」などは、それぞれ計った部分の長さ。

✿ …おもな食べもの

🔍 …見つかる場所

⚠ …危険な生きもの。近づいたり、さわったりしないこと。

✋ …特定外来生物。法律で、しいくや保管、野外に放すことなどが原則禁止されている生きもの。

水辺で小さな生きものをさがそう

池や田んぼ、砂浜や磯など、水があるところには、かならず生きものたちがくらしています。よく目立つものもいれば、ひっそりかくれているものもいます。いろいろな水辺に出かけて、小さな生きものたちをさがしてみましょう。

⚠️ かならず、おうちの人といっしょにでかけよう。

この本に出てくる小さな生きものたち

魚
水の中でくらす魚は、「えら」で呼吸をし、「ひれ」を使って泳ぎます。

キンギョ

クマノミ

オイカワ

両生類
卵からかえり、おとなになるまでに体の形が大きく変わります。

ニホンアマガエル

カスミサンショウウオ

アカハライモリ

は虫類
両生類とはちがい、子どもとおとなの体は同じ形をしています。うろこや甲らがあります。

ニホンカナヘビ

ニホンヤモリ

ニホンイシガメ

エビ・カニ
かたいからをもっていて、脱皮をくり返して大きくなります。

アメリカザリガニ

サワガニ

ホンヤドカリ

貝
かたい貝がらで、やわらかい体を守っています。ウミウシには貝がらがありませんが、貝のなかまです。

マルタニシ

アサリ

アオウミウシ

そのほか

ミドリイソギンチャク

イトマキヒトデ

ミズクラゲ

田んぼで見つかる生きもの

田んぼや水草の中、小さい水路、大きめの水路など、
いろいろな場所をさがしてみましょう。

生きものさがしをしよう

田植えがおわった田んぼ。

さがすポイント

田んぼの水の中を泳ぐ
アジアカブトエビ

卵でおなかが
ふくれた
アカハライモリ

むれで泳ぐ
ミナミメダカ

草と同じ色をして目立たない
ニホンアマガエル

1 田んぼの中にいるよ
初夏、田んぼに水がはられると、どこからともなく生きものがやってきてくらしはじめます。

2 水路をのぞいてみよう
田んぼに流れこむ水路には、メダカなどの魚が泳いでいます。

3 田んぼのまわりにも
草むらをよく見てみよう。生きものたちがかくれているよ。

池や沼で見つかる生きもの

同じ場所の水中でも、深さによって見つかる生きものがちがいます。

山の中の小さな池。

生きものさがしをしよう

さがすポイント

卵を産むころに池にやってきた
カスミサンショウウオ

はさみを広げていかくする
アメリカザリガニ

どろにかくれる
ドジョウ

上陸したばかりの小さな
ヒキガエルたち

1 水の中にいるよ
魚のほかに、両生類のサンショウウオも見つかるよ。

2 水草にかくれているよ
水草の中に網を入れると、ザリガニや魚がつかまるよ。

3 どろにかくれているよ
池の底のどろの中にかくれる生きものがいます。

4 岸の草むらにも
水と陸のさかい目もさがしてみよう。

川で見つかる生きもの

川の流れがはやいところやおそいところ、
水のきれいなところや、にごっているところなど、
場所によってすむ生きものがちがいます。

生きものさがしをしよう

中流

さがすポイント

水の流れがゆるやかな中流。

日なたぼっこをする
ニホンイシガメ

ゆるやかな流れを
泳ぐオイカワ

貝に集まってきた
ニッポンバラタナゴ

かくれ家から出てきた
スジエビ

1 石の上で
日なたぼっこ
カメは、晴れた日に石の上で日なたぼっこをします。

2 中流の流れの中
中流の流れの中には、泳ぎがとくいな魚がたくさんいます。

3 水の流れが
ゆるやかな場所
少し流れがゆるやかなところには、タナゴがいます。

4 水中の
石のまわり
岩のすき間や、そのまわりには生きものがかくれています。

じょう りゅう
上流

水の流れが急な上流。

石の上を歩く
サワガニ

① 上流の石の上にもいるよ

浅くてチョロチョロした流れのところにはカニがいます。

けい流の女王
ヤマメ

② 水の流れがはやい場所

深くて、流れがはやい場所にはヤマメなどの魚が見られます。

しめった場所で見つかる生きもの

しめった場所が好きな生きものがいます。家の近くの公園や神社などで、落ち葉や石の下を見てみよう。

生きものさがしをしよう

公園などの落ち葉。

さがすポイント

落ち葉を食べる
オカダンゴムシ

① 落ち葉の下にかくれている

落ち葉の下に、ダンゴムシがかくれています。

植木ばちをのぼる
ウスカワマイマイ

② しめった植木ばち

植木ばちの下やまわりで、カタツムリが見つかります。

7

砂浜で見つかる生きもの

もぐっていたり、かくれていたり……。砂浜は、あまり生きものが目立たない場所ですが、じっくりさがせば、おもしろい生きものが見つかるかもしれません。

生きものさがしをしよう

海水浴場の砂浜。

さがすポイント

砂の上のヒラメの子ども	ウニのなかまのスカシカシパン	巣穴から出てきたスナガニ	流木にくっついたハマダンゴムシ

1 海中の砂の上を見てみよう
砂の上をよく見ると、ヒラメやカレイの子どもが見つかります。

2 海中の砂の中にもいるよ
海中の砂の中には、スカシカシパンがもぐっています。

3 砂浜の穴（満潮でもしずまない場所）
海から少しはなれた砂浜で、カニの穴をさがしてみよう。

4 ゴミや流木の近く
海岸に流れついた流木やゴミの下には生きものがかくれています。

干潟で見つかる生きもの

干潟は生きものの宝庫です。砂やどろの上や、穴があいているところをスコップでほってみましょう。

潮が引いて、どろがあらわれた干潟。

生きものさがしをしよう

さがすポイント

砂の中からほり出した
アサリ

砂の上の
マメコブシガニ

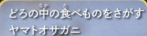
どろの中の食べものをさがす
ヤマトオサガニ

片側のはさみが大きい
シオマネキのオス

❶ 干潟の砂の中にかくれているよ
砂の中には二枚貝のアサリがもぐっています。

❷ 干潟の砂の上
砂の上にはカニや巻き貝などが見つかります。

❸ 干潟のどろの上
潮が引いたどろの上には、いろいろなカニがいます。

❹ 岸の近くもさがしてみよう
岸近くのかわいた場所で、シオマネキが見られます。

磯で見つかる生きもの

磯では、たくさんの種類と数の生きものが見られます。
潮が引いたときに、潮だまり（タイドプール）の岩をひっくり返したり、
海そうが生えているところを見たりして、さがしてみましょう。

生きものさがしをしよう

潮が引いて、水が残った潮だまり。

さがすポイント

① 潮だまりの水の中
潮が引いたときにできる水たまりには、たくさんの生きものがひそんでいます。

岩の上をはうアオウミウシ

カゴカキダイの子ども

アメフラシ

ミドリイソギンチャク

イトマキヒトデ

② 海そうは生きものたちのかくれ家
体の形や色が海そうそっくりな生きものがかくれているよ。

海そうに尾をまきつけるタツノオトシゴ

海そうにかくれるコシマガリモエビ

③ 陸の岩のところにもいるよ
水の中だけでなく、陸の岩にも生きものがたくさんいるよ。

人が近づくと、すばやく岩のすき間にかくれるフナムシ

岩にくっついたマツバガイ

生きものさがしをしよう

11

生きものをさがしに行くときは

さあ、これから生きものをさがしにでかけよう！　こんなじゅんびをするといいよ！

川や池など

- **玉網（たも網）** 魚をつかまえるときに使う。
- **ぼうし** 強い日差しから頭を守る。
- **長そで** 虫にさされないように長そでを着る。
- **バケツ** 生きものを入れて持ち帰る。
- **くつ・長ぐつ** 水に入るときは、かならずくつや長ぐつをはく。

海

- **小さな網** 生きものをつかまえるときに使う。
- **手ぶくろ（ぐん手）** 岩などで手を切らないように。
- **箱めがね（水中めがね）** 水中を見るときに便利。

⚠️ 注意しよう！

- 流れがある場所、底がよく見えない場所、深い場所には絶対に入らないこと。

- 岩の上はすべりやすいよ。すべって頭を打ったり、水に落ちたりすると危険。

- どろの中に入ると足がぬけなくなることがあるので注意すること。

- 水辺には毒ヘビのマムシがいます。草むらや落ち葉にかくれているので注意。

小さな川や田んぼにもあらわれるニホンマムシ

つかまえてはいけない生きもの

生きもののなかには、つかまえたり、しいくしてはいけないものがいます。数が少ないから保護したり、外国からやってきた生きものがこれ以上ふえないようにしたりするためです。

- **国や県などが指定した、特別天然記念物や天然記念物**
（オオサンショウウオ、ミヤコタナゴなど）
- **特定外来生物**
（カダヤシ、カミツキガメ、ブラックバスなど）

＊おうちの方へ…国が指定している天然記念物以外にも、地域によって天然記念物として保護されている生物がいます。また、外来生物法で、「生態系や人の身体、農林水産業に被害を及ぼす、およびそのおそれがある国外外来種」を特定外来生物に指定しています。ただし、野外でも特定外来生物をつかまえてしまった場合は、その場ですぐに放すことは規制の対象にはなりません。くわしいことは各自治体や環境省のサイトなどで確認してください。

川や田んぼの生きものをつかまえよう

❶ どこをさがすか

大きな川や池では、水が深かったり広かったりしてつかまえるのがむずかしいよ。まずは小さい水路や浅い池や田んぼなどに行ってみよう。草が生えていたり、生きものがもぐれるどろや、かくれ家があったりする場所をさがしてみると見つかるよ。

⚠️ かならず、おうちの人といっしょにでかけよう。

小さい水路

池の浅いところ

❷ つかまえかた

小さい生きものであれば、玉網やさで網でつかまえられます。網を草やかくれ家の近くにそっと入れましょう。水草やかくれ家を足でけるようにすると、びっくりした生きものが網の中に入るよ。さで網が2つある場合は、細い水路で友だちと二人ではさみうちしよう。

玉網（たも網）
さで網

足でけって、生きものを網においこむ。深いところには絶対に入らないようにしよう。

❸ 持ち帰りかた

つかまえた生きものはふたつきのバケツで持ち帰りましょう。生きものが弱らないように、水はなるべくたくさん入れます。ザリガニやカニなど、ほかの生きものをおそうものは、別のバケツに入れましょう。

長い距離をはこぶときは乾電池式のエアーポンプを使うとよい。ふたに穴をあけ、そこからエアーポンプの管を通す。

川や田んぼの生きものをつかまえよう

さわがに

名前のとおり、山の沢でよく見かけるカニです。夜、食べものをもとめて動きだしますが、日中は石の下などにいるので、さがしてみましょう。

サワガニ
- 2.5cm（甲幅）
- こん虫・ミミズ・そう類など
- 川の中～上流・わき水

オス　子ども　メス

とくちょう

子どもをだっこ？

大きな卵をだっこ！

メスはおなかに卵をかかえるよ。親と同じすがたをした子ガニがふ化すると、しばらくの間は、子どもをだっこ。

おもしろ情報

雨のあとにあらわれたサワガニ。

陸上でサワガニを見かけることがありますが、どうして水がなくても呼吸できるのでしょうか？ふだんサワガニは、えらで水中の酸素をとりいれていますが、陸上にいるときは体についた水をえらに送って呼吸しています。雨のあとの林道でよく見かけるのはそのためです。

かいかた

きれいな水辺にくらすので、いつも水をきれいにしておきましょう。石や流木を入れて、かくれる場所をつくってあげます。

えさ

お店で売っているザリガニ用のえさ。ごはんつぶや煮干しは栄養がかたよる。

投げこみ式フィルターを入れ、2～3日に1回、1/3の水をかえる。
通気性のよいふた。
40cm水そうにオス1匹メス2匹。砂利をしく。

かんさつしよう

オスとメスの見分けかた

オス　　　メス

カニのなかまのオスとメスは、「ふんどし」とよばれる腹の形でわかります。メスは腹で卵をだくので、オスよりも幅が広くなっています。また、片側のはさみが大きいのはオスです。

まめちしき サワガニは食用にされることもあります。ただし、危険な寄生虫がついていることがあるので生で食べてはいけません。

淡水のカニ図鑑

ここで紹介する淡水のカニも、卵を産むころになると川を下って海にいきます。一生を淡水で生きるのはサワガニとサワガニのなかまだけです。

オス

アカテガニ
- 3.5cm（甲幅）
- 植物など
- 河口近くの湿地

これがゾエア幼生！

6月から7月の大潮の夜、メスは体長1〜2mmの無数の子ども（ゾエア幼生）を海に放す。

クロベンケイガニ
- 4cm（甲幅）
- 植物など
- 海岸近くの湿地・草原・水田

びっくり情報
いろいろな色のサワガニ！？

よく知られているのは赤っぽいサワガニですが、すむ地域によって、オレンジ色や青、白や黒っぽいものまで、いろいろな色のカニがいます。きみの見つけたサワガニは何色かな？

モクズガニ
- 6cm（甲幅）
- 植物など
- 川の中流〜河口

まめちしき　モクズガニは、中華料理で有名な「上海（しゃんはい）ガニ」のなかまです。食べると、とてもおいしいカニです。

えび・かにのなかま

ざりがに

まっ赤な体に大きなはさみのアメリカザリガニ。その名のとおり、アメリカから日本にやってきたエビのなかまです。水路をさがしてみましょう。町の中でも見つかることがあるよ。

アメリカザリガニ
- 10cm
- 雑食
- 池・田んぼなど。アメリカ合衆国原産の外来生物。

子どもは茶色い。

おとな

とくちょう

はさみをふり上げる！

いかくのポーズ！

敵が近づいたりおこったりしたときは、はさみをふり上げて、いかくをするよ。体を大きく見せているんだ。

はさみでつかまえる！

はさみはえものをつかまえるときにも使うよ。一度つかんだらなかなかはなさない。

後ろに逃げる！

ピョーン！

尾で水をけって、後ろ向きにすばやく逃げるよ。

はさみで穴をほる！

暑い夏や寒い冬は、はさみで穴をほってかくれるよ。

えび・かにのなかま

まめちしき ふんはおしりから出しますが、おしっこは顔の口の上にある穴から出すよ。

くらし

アメリカザリガニの交尾はおもに秋です。交尾後、卵は、秋〜春の間に産み落とされます。メスは卵を腹で守り、生まれた子どもはしばらく親の体にくっついてすごします。子どもが体からはなれると、メスの親は脱皮をして新しい体になります。

オスは、ほかのザリガニを見つけると、はさみを広げて近づき、相手の体にさわる。

体にさわられたオスは、すぐにはさみをふり上げ、ケンカがはじまる。

一方、メスはオスに体をさわられると、体をかたくして動かなくなり、交尾がはじまる。

交尾後しばらくすると、メスはたくさんの卵を産み、子どもがふ化するまで腹で卵を守る。

生まれた子どもは、しばらくメスの腹にくっついたまま大きくなる。

子どもは親の腹から少しずつはなれていく。

子どもにも、小さいはさみがある。

びっくり情報
脱皮はいのちがけ！

ザリガニなどのエビやカニのなかまは、脱皮をくり返して大きくなります。脱皮をすると体を守っていた、古いからが取れて、下から新しいからが出てきます。新しいからはしばらくやわらかく、このとき敵におそわれるとたいへんです。脱皮はいのちがけなのです。

えび・かにのなかま

まめちしき オスがオスにさわられたときにケンカをするのは、自分がメスではないことを相手に知らせるためだと考えられているよ。

えび・かにのなかま

かいかた

じょうぶで、えさにもこまらないので、かいやすい生きものです。ケンカをするので1匹、またはオスメス1匹ずつでかいましょう。

えさ
お店で売っているザリガニ用のえさ。淡水魚のえさや冷凍アカムシも食べる。

ポイント
脱皮のときに砂を頭に入れるので、かならず底に砂をしく。

45cm水そうに投げこみ式のフィルターを入れ、1〜2週間に1回、1/3の水をかえる。

チューブなどを伝って外に逃げるので、からなずふたをする。

エアーポンプ

川の砂や砂利をしく。

かくれ家をつくる。

卵を産ませてみよう

繁殖はおもに秋。繁殖をさせる場合は、オスとメスをべつべつのケースでかっておき、秋になったらいっしょにします。すぐに交尾をすることもあり、メスはたくさんの卵を産みます。もともと外国からきた生きものなので、ふ化した子どもは絶対に外に放さないようにしましょう。生まれたときの水そうに子どもを入れておくと、やがて強いものが生き残り、弱いものは死んで、最後に数匹だけが残ります。

かんさつしよう

オスとメスのちがい

オスはメスよりもはさみが大きいよ。また、オスの腹側には生殖器があり、あしにはトゲがあります。メスの「腹肢」は卵をかかえやすいように、とても長くなっています。

生殖器
オス

卵を産む穴
メス

あしのトゲ

腹肢

ザリガニ図鑑

もともと日本にいたのはニホンザリガニだけで、東北の一部と北海道にしかいません。

ニホンザリガニ
- 3〜4cm
- 水生こん虫など
- 小川・わき水

特定外来生物

ウチダザリガニ
- 15cm
- 水生こん虫・魚など
- 川・池・湖。北アメリカ原産の外来生物。

おもしろ情報
赤色だけじゃない！

ブルーザリガニ

オレンジザリガニ

品種改良によって、青色やオレンジ色などのザリガニがつくられています。ペットショップで売られていることがあるよ。

ザリガニつりをしよう

糸にえさを結びつけ、ザリガニの前に落としましょう。ザリガニが大きなはさみでえさをつかんだら、そっとひき上げます。なかなかえさをはなさないからザリガニがつれるよ。

- えさ…スルメ、煮干しなど。なんでも食べるから、いろいろためしてみよう。
- いる場所…田んぼや公園などの水路。池や沼などの浅いところ。

木のぼう
たこ糸
おもりの石（なくてもよい）
えさ

外来生物って何？

アメリカザリガニは、外国からやって来た「外来生物」です。こん虫や水草など、なんでもよく食べるので、日本の自然に大きな影響をあたえてしまいます。そのため、アメリカザリガニをつかまえて家でかうことはできますが、つかまえたら絶対に外に放してはいけません。また、国内のほかの地域から持ちこまれた生きものを「国内外来生物」といい、元から日本にすんでいた生きものでも、ほかの地域に放すと問題を起こすことがあります。生きものは、本来の生息域以外に放してはいけません。

えび・かにのなかま

すじえび

オス
卵をもったメス

スジエビは、とう明な体に、よく目立つスジがあるエビです。身近な池や川で見られ、日中は水草のかげなどでじっとしています。

スジエビ
- 5.5cm
- 水生こん虫・そう類・魚の死がいなど
- 川の中～下流・小川・池・沼

えび・かにのなかま

とくちょう

長いはさみあし

もよう / はさみあし

はさみあしは、細くて長いよ。胸のもようは、逆ハの字。

川をおそうじ

死んだ魚などを食べて、川の中をおそうじしてくれるよ。

おもしろ情報

スィ～ッ / にげろ！ / サーッ

エビがぴょんぴょん後ろ向きに進むのは、おもに敵から逃げるときです。ふだんはおなかにある「腹肢」というあしを使って、すいすい前に泳ぐよ。

かいかた

脱皮のときにおそわれることが多いので流木などでかくれ家をつくりましょう。生きた魚も食べるので小魚を入れないように。

えさ
魚用の沈むタイプの人工飼料や冷凍アカムシなど。

40cm水そうに4匹くらい。投げこみ式フィルターを入れ、週に1回、1/3の水をかえる。

すずしい場所に置いて、ふたをする。

エアーポンプ

川砂や細かい砂利などをしく。

かんさつしよう

とう明な血えき！

エビや貝のなかまの血えきは、赤色ではなくとう明です。血えきに酸素が入ると、この写真のように体が虹色に見えるときがあるよ。

まめちしき かくれ家を入れていても脱皮のときにおそわれることがあるので、脱皮をしていないエビはほかのケースにしばらく入れておくと安全です。

淡水のエビ図鑑

ここで紹介するエビのなかまは、淡水でかんさつすることができる種類ですが、川でくらすエビの多くは、子エビのときは海ですごします。

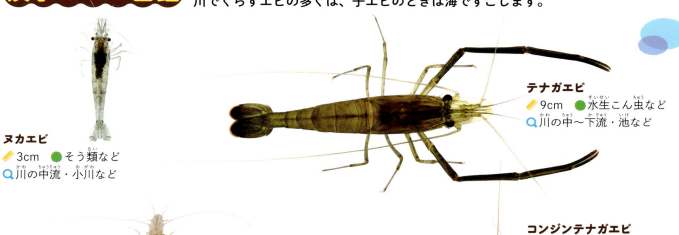

テナガエビ
- 9cm
- 水生こん虫など
- 川の中〜下流・池など

ヌカエビ
- 3cm
- そう類など
- 川の中流・小川など

コンジンテナガエビ
- 10cm
- 水生こん虫など
- 南の川の中流〜河口など

ヌマエビ
- 3cm
- そう類など
- 川の中流〜河口・池など

ヤマトヌマエビ
- 4cm
- そう類など
- 川の上〜中流など

ミナミヌマエビ
- 3cm
- 雑食
- 用水路・川・沼など

びっくり情報

長旅をするエビの子ども

川や池で見かけるエビやカニのなかまの多くは、親と同じすがたになるまで、海や海水のまじる川の中を、ただよいながらくらしています。成長して親と同じすがたになると、川や池にもどってきます。

えび・かにのなかま

まめちしき スジエビとヌマエビは、にているので見分けにくい。6cmくらいの大きいものがスジエビ、3cmくらいの小さいものがヌマエビのなかま。

21

かぶとえび

「生きた化石」とよばれる、田んぼにすむ生きものです。まったく見かけない田んぼもあるので、いろいろな場所でさがしてみよう。むかし外国から日本にきた生きものだと考えられています。

アジアカブトエビ
🦐 3cm 🟢 小さな水生こん虫・そう類・バクテリア・水草など
🔍 田んぼ。中国原産の外来生物。

オス / メス

えび・かにのなかま

初夏に登場！

初夏、田んぼに水が入るとすがたをあらわし、1か月もすると見られなくなる。

背泳ぎがとくい！

腹側にある「さいきゃく」を使って背泳ぎします。歩くためのあしはもっていません。

生きた化石

目が3つある。
恐竜がいた時代から生きているから「生きた化石」とよばれているよ。

かいかた

じゅ命が短く、体が大きいものは2週間以内に死んでしまいます。水そうの中でも卵を産むので、腹に卵をかかえた個体がいないかさがしてみよう。

えさ
水にしずむ人工飼料や冷凍アカムシなど。

ケンカをするので45cm水そうに5匹ほど。投げこみ式フィルターを入れ、週に1回、1/3の水をかえる。
エアーポンプ
砂や川砂を5cmほどしく。

卵を産んだら

卵を産んだ親が死んだら、水をぬいて砂を乾燥させよう。カブトエビの卵は乾燥しても死にません。つぎの年の初夏に水を入れると、1〜2日で子どもが生まれます。ふ化には水温が大切で、夏のあつい水や冬の冷たい水ではふ化することができません。また、ふ化には光が必要です。

卵 / 子ども

まめちしき 田んぼに水が入ったばかりのころは体が小さくてさがしにくいよ。2週間くらいたってからさがしてみよう。

カブトエビ・ミジンコ図鑑

カブトエビはミジンコに近い甲かく類です。ここでは田んぼなどで身近に見られるミジンコのなかまを紹介します。

ホウネンエビ
- 3cm
- プランクトンなど
- 田んぼ

アメリカカブトエビ
- 3cm
- 小さな水生こん虫・そう類・バクテリア・水草など
- 田んぼ。北アメリカ原産の外来生物。

カイエビのなかま
- 0.7〜1cm
- どろの表面の小さな生きもの
- 田んぼ

かんさつしよう
光に集まる！

ホウネンエビやミジンコは光に集まる習性があります。外が暗くなってからライトで田んぼをてらすと、たくさん集まることがあるよ。

タマミジンコ
- 1mm 前後

カイミジンコ
- 1mm 前後

えび・かにのなかま

まめちしき ホウネンエビなどは田んぼで見つかっても、すぐとなりの田んぼには発生していなかったりするよ。

あまがえる

小さくてかわいいカエルです。田んぼなど浅い水辺のまわりの草むらをさがしてみよう。光に集まる虫を食べるから、水辺の自動販売機もねらい目です。

オタマジャクシ（子ども）　おとな

ニホンアマガエル
📏 3〜4cm　🟢 こん虫や小さな節足動物など　🔍 町中から山地

とくちょう

ジャンプがとくい！

長いあしで力づよくジャンプ！ 敵から逃げたり、えものに飛びついたりするときにジャンプするよ。

大きな声で鳴くよ！

クワッ　クワッ　クワッ
鳴きぶくろ

オスは、のどにある「鳴きぶくろ」をふくらませて、大きな声で鳴きます。オスが鳴くのはメスをよぶためだよ。

待ちぶせして虫を食べる！

あれれ？ 自動販売機にアマガエルがいるよ。夜、光に集まる虫を待ちぶせして食べるんだ。

泳ぎがとくい！

後ろあしには水かきがある！

長い後ろあしは泳ぐときにも大かつやく。あしをまげたり、のばしたり。人間の平泳ぎにそっくりだよ。

かえるのなかま

まめちしき アマガエルのオスは鳴いてメスをよびますが、その近くで鳴かずにじっと待っていて、メスを横取りするオスもいます。

くらし

カエルは両生類です。子どもは水の中でくらし、おとなになると陸に上がってくらします。体の形を変えながら大きくなるのがとくちょうです。

1 オスがメスにだきついて結婚。時間はおもに夕方から夜です。

2 メスが産んだ卵。卵はゼリーみたいなものにつつまれている。

3 オタマジャクシ（左）。目がはなれているのがアマガエルのオタマジャクシのとくちょう（右）。

4 先に後ろあし、つぎに前あしが生える。まだしっぽは長い。

5 しっぽが短くなりはじめたら、水から陸に上がる。このときえら呼吸から肺呼吸に変わる。

6 1日ほどでしっぽが短くなる。

ジャンプして葉っぱに飛びついた！

あしのうらに吸ばんがあるから、草からすべり落ちないよ。

これが本当の大きさ！

かえるのなかま

草や木の上で、小さな生きものを待ちぶせ。

かいかた
［おとな（成体）］

こん虫用のしいくケースでかえます。よくジャンプをするので、なるべく高さのあるケースをえらびましょう。

40cmのこん虫用のしいくケースに3〜4匹。暑さに弱いので、直射日光を当てないようにする。

ジャムなどのびんに、つりえさ用のサシをおがくずごと入れておくと、ハエになってカエルのえさになる。（びんが深すぎると、中に入ったカエルが出られなくなるので、小さいびんにする）

ペットボトルに水を入れ、ポトスのくきを数本さしておく。ポトスがかれないように、窓ぎわなどの明るいところにケースを置く。

ちょっと泳げるくらいの水を入れる。

えさ
コオロギなどの生きたえさ。121ページを見よう。

⚠ カエルのなかまは、体をおおうねん液に毒があります。カエルをさわった手で目や口などをさわらずに、しっかり手をあらうこと。

かえるのなかま

ポイント
- アマガエルはふんをたくさんします。そうじがしやすいように底には土などをしかず、ふんが目立つようになったらケースを水洗いしましょう。
- つかまえてきたばかりのカエルはケースになれていないので、かべに頭を打つことがありますが、しばらくするとケースになれます。

おもしろ情報
色やもようを変える！
同じアマガエルでも、まわりの色に合わせて体の色やもようを変えられるよ。敵に見つかりにくくなるね。

［オタマジャクシ（幼生）］

大きめのこん虫用のケースでかいましょう。前後のあしが生えたらケースをのぼるので、ふたをすること。

えさ
お店で売っているキンギョのえさ。

40cmの水そうに5匹くらい。投げこみ式フィルターを入れる。

エアーポンプ

土や砂利はなくてもいいけれど、田んぼの土をしくとよく育つ。

かんさつしよう　体の形を大きく変える！

オタマジャクシがおとなになるまでをかんさつしてみよう。このように体の形を変えながら成長することを「変態」というよ。

❶
オタマジャクシ

❷
後ろあしが生えた。

❸
前あしも生えたよ。このころえさを食べなくなる。

❹
しっぽが短くなりはじめた。

❺
しっぽがなくなったよ。

おもしろ情報

繁殖のころになると、ケースの中で鳴くようになるよ。よく鳴くカエルの背中に、水にぬらした筆などで軽く触れてみよう。のどをふくらませることがあるよ。

町中の庭の木でカエルの声が聞こえたら、それはきっとアマガエルです。アマガエルは小さい水辺でも繁殖することができるので、春から初夏、庭に水生植物などのはちを置いておくと気がついたらオタマジャクシが泳いでいるかも!?

かえるのなかま

まめちしき カエルの大合唱がする場所に近づくと、いっせいに鳴きやんでしまうけれど、静かにしていれば、また大合唱がはじまるよ。

カエル図鑑

ピリリリ…

シュレーゲルアオガエル
📏 3.5〜6cm　🔵 こん虫など
🔍 平野から山地

上

横

モリアオガエル
📏 4.2〜8.2cm
🔵 こん虫など　🔍 山地

カララ・カララ…
コロコロ

トノサマガエル
📏 3.8〜9.4cm
🔵 こん虫やクモなど
🔍 平地から低山

グルルルル…

ンゲゲゲゲ…

トウキョウダルマガエル
📏 3.9〜8.7cm　🔵 こん虫やクモ
など　🔍 田んぼや池・小川

ニホンヒキガエル ⚠️
📏 8〜17.6cm　🔵 こん虫や
節足動物など　🔍 海岸から高山

クックックッ

クックックッ

アズマヒキガエル
⚠️
📏 4.3〜16.2cm
🔵 こん虫や節足動物など
🔍 低地から高山

まめちしき ヒキガエルは、目の後ろの「耳腺（じせん）」や体のいぼから、毒を出します。目に入るとはげしくいたむので注意。

かえるのなかま

ヨッキョッ
キョッキョッ…

ニホンアカガエル
🔸3.4〜6.7cm　🟢こん虫や
クモなど　🔍平地から丘陵地

キャララ…

ヤマアカガエル
🔸4.2〜7.8cm　🟢こん虫や
ミミズなど　🔍平地から山地

ツチガエル
🔸3.7〜5.3cm
🟢こん虫など
🔍平地から低山

ギュウ・ギュウ…

キャウ・キャウ…

ヌマガエル
🔸3.5〜5.5cm　🟢こん虫など
🔍田んぼや湿地・草地や林など

オタマジャクシ

特定外来生物

カジカガエル
🔸3.7〜6.9cm　🟢こん虫
や節足動物など　🔍山地

ウオー・ウオー

フイーヨ・フイーヨ…

オタマジャクシ

ウシガエル
🔸12〜15cm　🟢鳥や小型ほ乳
類、両生類やこん虫など
🔍池や沼・川など。北アメリカ
東部原産の外来生物。

かえるのなかま

29

かめ

ニホンイシガメは、日本にしかいないカメです。石のように見えるのでイシガメとよばれます。たまに都会の水辺で見られますが、山の中の水辺のほうがよく見つかります。

ニホンイシガメ
- 11〜21cm（甲長）
- 魚・甲かく類・ミミズ・水草など
- 川の上流・山の池や沼・田んぼなど

子ども

とくちょう

甲らは脱げない

甲らは背骨とあばら骨が変化したもの。服みたいに脱ぐことはできないよ。

甲らの中にかくれんぼ

敵におそわれたりすると、甲らの中に頭とあしを引っこめて身を守るよ。

日なたぼっこが大好き！

カメの日なたぼっこを「甲ら干し」というよ。体温が低いときに体を温めるためだけでなく、甲らを成長させるための栄養をつくっているよ。

くらし

繁殖期になるとオスはメスを追いまわし、前あしを片方ずつ動かしてメスにプロポーズをします。交尾をしたメスは、6〜7月の早朝から水辺近くの地面に穴をほり、1回に6個ほどの卵を産みます。2〜3か月後、子ガメが生まれ、地上に出てきます。冬の間は水中につもった落ち葉やどろにもぐり、冬眠しながら春を待ちます。

後ろあしを使って、卵を産むための穴をほるメス。

これが卵！

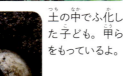

土の中でふ化した子ども。甲らをもっているよ。

ふ化してしばらくすると、土をかきわけて地上に出る。

かめのなかま

かいかた

カメは性格がおとなしく、とてもかいやすい生きものです。人になれるので、ちょくせつ手からえさをあたえて、食べるところをかんさつしましょう。えさは毎日食べきる量だけあたえましょう。

60cm水そうに1匹。水を入れ、カメ用のろ過フィルターを使う。

日光浴用のバスキングライトをつけ、石の上の温度が30〜35度になるようにする。

レンガなどで陸地をつくる。イシガメの場合は陸地を大きく、クサガメの場合は水場を大きくする。

えさ

レプトミンなどのカメ用の人工飼料。なれてくると、ピンセットから食べるようになる。えさをあたえすぎると、水のよごれの原因になる。

ポイント

- カメは、ろ過フィルターの処理能力をこえて水をよごすので、1〜2日おきに水をかえる。
- 太陽光にふくまれる紫外線が甲らやうろこなどの成長に必要。週に1〜2回、10分ほど外に出して日光浴をさせる。暑さで弱らないように日光浴は10分程度にする。は虫類用の紫外線ライトを室内で使ってもよい。暑すぎて弱らせないように、長時間直射日光が当たる場所には置かない。

卵を産ませてみよう

卵を産ませる場合は、大きい衣装ケースや120cm以上の水そうで、オス1匹、メス1〜2匹くらいでかいましょう。ケース内に産卵場所として広めのプラケースを入れ、しめらせた砂や赤玉土を15cm以上しきます。産卵場所は木などで物かげになるようにして、のぼりおりできるようにします。卵が産まれたら、卵の上下を変えないように注意しながらタッパーに移動させます。

卵の上下がわかるようにしるしをつけ、暗い場所に置く。

大きめのタッパーにしめらせた赤玉土を入れる。ふたに小さな穴をあけ、適度な湿度を保つ。1か月くらいすると子ガメが生まれる。

まめちしき ニホンイシガメの子どもの甲らが昔の銭（ぜに）ににているので「ゼニガメ」ともよばれます。

かんさつしよう

「卵歯」で卵をわる！

卵歯

生まれたばかりの子ガメの鼻先には「卵歯」という、かたくて白いでっぱりがあります。卵の内側から、からをやぶるためについているので、しばらくするととれるよ。ちなみに、卵から子ガメが出てくるまでには何時間もかかります。

かめのなかま

カメ図鑑

カメは、ヘビやトカゲとおなじ、は虫類です。水中ですごす時間が長いものから陸上ですごす時間が長いものまで、種類によって、くらしかたがちがいます。

子どもはミドリガメとよばれています。

おもしろ情報
カメも脱皮をするよ

カメは1年に1回、ヘビやトカゲと同じように脱皮をくり返して大きくなります。甲らの表面からも皮がはがれるよ。

ミシシッピアカミミガメ
- 20〜28cm（甲長）
- 雑食
- さまざまな水辺。北アメリカ南部原産の外来生物。

子ども

クサガメ（リーブスクサガメ）
- 20〜30cm（甲長）
- 魚・甲かく類・ミミズ・貝・果実など
- 田んぼ・平地の川・池・沼など。朝鮮半島・中国原産の外来生物。

かめのなかま

まめちしき　クサガメの「クサ」は、体からくさいにおいを出すことからついた名前です。

ヤエヤマイシガメ
18cm（甲長）
● 雑食　Q 石垣島・西表島・与那国島

ヤエヤマセマルハコガメ
14〜17cm（甲長）
● 雑食
Q 石垣島と西表島のけい流沿いの陸地など。国の天然記念物。

子ども

ニホンスッポン（スッポン）
15〜35cm（甲長）　● 魚など
Q 川・湖・沼

びっくり情報
甲らで年れいがわかる

カメの甲らには、木の年輪のようなもようがあります。年に1回、脱皮のたびにふえていくので、甲らのすじを数えると年れいがわかります。10さいをこえたら、すじがけずれたりして、わかりにくくなります。

まめちしき スッポンは養殖され、高級食材として食べられています。

かめのなかま

さんしょううお

サンショウウオはカエルと同じ両生類です。子どもは田んぼや池、湿地にできた水たまりの中で育ち、おとなになると林の落ち葉の下などで、こん虫を食べてくらします。

カスミサンショウウオ
🔸 7〜13cm（全長）　🟢 こん虫・クモ・ミミズなど　🔍 丘陵地や低山地の森林など

とくちょう

子どもにはえらがある

子どもは、くしのような形の「外えら」で呼吸をします。おとなになると外えらは消えるよ。

オタマジャクシみたいにあしが生える！

カスミサンショウウオの子ども。
後ろあし　前あし

前あし、後ろあしのじゅんにあしが生えます。カエルのオタマジャクシは後ろあしから先に生えるから、じゅんばんが逆だね。

くらし

2〜3月になると、浅い池や田んぼにあらわれて水の中に卵を産みます。卵は3週間ほどでふ化し、子どもは水中で育ちます。外えらが消えるころになると陸に上がり、林の中でくらしはじめます。

卵のう

卵は、水中の落ち葉などに、2本1組で産みつけられます。同じ場所にたくさん産みつけられて、大きなかたまりになることもあります。

びっくり情報

しっぽを食べさせる!?

敵が近づいたら毒があるしっぽをふり上げて相手に食べさせようとします。しっぽを食べた相手は毒の味にびっくりして、もう近づかなくなると考えられています。切れたしっぽはまた生えてくるよ。

外えらが消えて、しばらくしたら陸に上がる。

まめちしき 漁でつかまえたサンショウウオを、串にさし、焼いて（黒焼き）食べる地方があります。

かいかた ［おとな（成体）］

じょうずにかうと10年以上長生きします。サンショウウオのなかまは暑さとかんそうに弱いので、すずしい場所にケースを置いて、こまめに霧ふきをしてあげましょう。

えさ

コオロギなどの生きたえさを数日に1回あたえる。コオロギは口に入る大きさのものを選ぶ。えさの食いが悪い場合、ピンセットでミルワームやサシや冷凍アカムシを近づけて少し動かすと、食べることがある。120ページを見よう。

 体の粘液には弱い毒があります。サンショウウオをさわった手で目や口などをさわらないこと。

40cm水そうにオスメス1匹ずつ。通気性のよいふたをする。

ポイント 夏は保冷材を入れた発泡スチロールに飼育容器ごと入れてしまうのもよい。

水を吸って黒くなった赤玉土を2cmほどしく。パイプなどのかくれ家を入れる。

湿度を保つために浅い容器に水を入れる。

［卵のう・子ども（幼生）］

卵のうは、洗面器くらいの大きさの容器に水を入れて置いておくだけで、ふ化します。子どもは共食いをすることがありますが、えさをしっかりあたえれば4〜5匹でいっしょにかえます。

えさ

冷凍アカムシ。120ページを見よう。

40cm水そう。子どもが見られるのは寒いころなので、暖房のある部屋には置かない。

前後あしが生えそろうと、かべをのぼるのでしっかりふたをする。

投げこみ式フィルターを入れ、週に1回、1/3の水をかえる。

エアーポンプ

さんしょううお・いもりのなかま

まめちしき もし子どもを1匹ずつかうときは、手のひらサイズの小さなタッパーでもかえます。水かえがかんたんなので、ろ過フィルターもいりません。

サンショウウオ図鑑

水の流れがある、けい流などに卵を産むもの（流水性）と、池や浅い水たまりに卵を産むもの（止水性）がいます。

さんしょううお・いもりのなかま

エゾサンショウウオ
- 11～20cm（全長）
- こん虫・クモ・ミミズなど
- 山麓の森林に多い

クロサンショウウオ
- 12～19cm（全長）
- こん虫・クモ・ミミズなど
- 山地の森林

卵のう

トウキョウサンショウウオ
- 8～13cm（全長）
- こん虫・クモ・ミミズなど
- 丘陵地や低山地の森林など

卵のう

ヒダサンショウウオ
- 10～18cm（全長）
- こん虫・クモなど
- 山地の森林など

まめちしき サンショウウオは長生きする生きものです。かわれていたオオサンショウウオは、50年以上生きた記録があるよ。

ブチサンショウウオ
- 8〜15cm（全長）
- こん虫・クモなど
- 山地の森林

オオイタサンショウウオ
- 10〜16cm（全長）
- こん虫・クモなど
- 低地の森林など

ソボサンショウウオ
- 12〜18cm（全長）
- こん虫・クモ・ミミズなど
- 源流のまわりの森林

ハコネサンショウウオ
- 13〜19cm（全長）
- こん虫・クモ・小魚など
- 山地の森林など

コガタブチサンショウウオ
- 9〜15cm（全長）
- こん虫・ミミズなど
- 丘陵地から山地の川やけい流など

子どもには黒いつめがある。

写真提供＝中津元樹

さんしょううお・いもりのなかま

いもり

イモリはカエルと同じ両生類です。田んぼや用水路、池の中などでくらします。昼間はじっとしていて、夜になると活発に動きはじめます。

アカハライモリ
- 7～14cm（全長）
- こん虫・ミミズなど
- 田んぼ・池・小川など

くらし

4～6月、卵からオタマジャクシのようなすがたの子どもが生まれます。あしが生えて、えらが消えると陸上で3年間ほどくらし、おとなになると、また水の中にもどります。

① 卵の大きさは2mm。カエルのオタマジャクシのような子ども。外えらで呼吸をするよ。／外えら

② 前あしと後ろあしが生えた子ども。まだ外えらはある。

③ 外えらが消えると陸上でくらしはじめる。

④ 水の中のくらしにもどったおとな。

さんしょううお・いもりのなかま

かいかた

たくさん入れるとけんかをするので、オス1匹、メス2匹くらいでかおう。

えさ

お店で買えるキンギョのえさやイモリのえさ。たまに、冷凍アカムシなどの生きたえさもあたえるとよい。120ページを見よう。

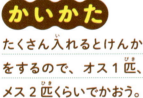

45cm水そうに投げこみ式フィルターを入れ、1～2週間に1回、1/3の水をかえる。

石や流木を水面に出して陸地をつくる。水草を入れると、つかまって休む場所になる。

エアーポンプ／砂利をしく。

ポイント

イモリやカエルなどの両生類は、日があまりささない場所にすんでいるので、すずしいところにケースを置く。

 イモリのなかまは、皮ふから毒えきを出します。さわった手で目や口などをさわらずに、しっかり手をあらうこと。

まめちしき　イモリはサンショウウオににているけれど、イモリの皮ふはザラザラしているよ。

イモリ図鑑

奄美や沖縄などの南の島には、尾（おしり）が剣（ケン）のように細長い、シリケンイモリがすんでいます。さらに、天然記念物のイボイモリもすんでいます。

シリケンイモリ
- 10〜18cm（全長）
- こん虫・ミミズ・巻き貝など
- 平地から山地の森林など

卵

イボイモリ
- 14〜20cm（全長）
- ミミズ・巻き貝など
- 森林など。天然記念物。

さんしょううお・いもりのなかま

びっくり情報

手あしが切れても生えてくる！

トカゲはしっぽが切れても生えてきますが、イモリのなかまはしっぽだけでなく手あしや目なども、もとにもどります。トカゲは自分でしっぽを切るので「自切」といいますが、ヤモリは自分で手あしを切ることはありません。

おもしろ情報

体の色を変えて、プロポーズ！

青くなったオス
ライバルのオス
メス

イモリのオスは、繁殖期になると、しっぽなどの体の一部が青くなります。オスは青くなったしっぽをくるりと曲げて、メスに見せてアピールし、プロポーズします。

まめちしき オスのしっぽは平らなうちわのような形をしています。メスのしっぽはオスよりも長く、根元から細くなっています。

39

めだか

オス
メス

メダカは、田んぼの水路や池の浅いところで群れをつくってくらしています。ときには、こんなに水が少ない場所に入ってきてだいじょうぶ？　と心配になるような小さい水辺でも見られます。

ミナミメダカ
- オス3.2cm メス3.6cm
- こん虫など
- 平地の池や川のゆるやかな流れの場所

メダカのからだ

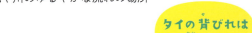

上を向いた口
下のあごが前に出て、口が上を向いているから水面のえさを食べやすいよ。

背びれ
体のまん中よりも後ろにある。

タイの背びれはまん中にあるよ！

黒いすじ
口

尾びれ
左右に動かして前におよぐ。

大きい目
体にくらべて目が大きい。

えら
魚はえらで呼吸をするよ。

腹びれ

胸びれ
向きを変えるときに、胸びれをよく使うよ。

背ぼね
すけてみえるね。

しりびれ
体にくらべて大きいしりびれ。

かんさつしよう
オスとメスの見分けかた

背びれに切れこみ

オス

メス

オスのほうがしりびれが大きい

メダカは、ほかの魚の子どもとよくまちがえられます。浅い場所で泳いでいて、上から見ると頭に黒っぽいすじがあるのがメダカだよ。

まめちしき　メダカは地方によって、メザカ、オキンチャ、メンパ、ギンメなど、よび名は5000以上もあるといわれています。

くらし

4月半ばから9月まで、毎日卵を産みます。一度に産む卵の数は、ほかの魚よりも少なく、30〜40個です。メダカの産卵は早朝です。

1. 早朝、オスとメスが近づいて泳ぐ。

2. メスの前をオスがクルリと回る。

3. オスとメスがくっつく。

4. メスが卵を産み、オスが精子をかける。

5. 数時間、メスは卵をおしりにぶら下げたまま。

6. 昼ごろ、メスは卵を水草などにからませる。

7. ふ化はもうすぐ。

8. ふ化した子ども。

9. おとなになったオスは、水そうの中ではよくケンカをする。

10. 寒くなると物かげでじっとして冬をこす。

11. カの幼虫のボウフラを食べるメダカ。雑食性だが、とくに小さいこん虫が好き。

さかなのなかま

まめちしき 卵を産まないときは、繁殖用と書かれたえさを買ってあたえてみましょう。数日で効果が出ることがあります。

かいかた

メダカはかいやすい魚です。最近はペットショップでも手に入るので、かってみましょう。

えさ
お店で売っている淡水魚用の人工飼料や冷凍アカムシ。

40cmの水そうにオス2匹、メス4匹くらい。投げこみ式フィルターを入れ、1～2週間に1回、1/3の水をかえる。

卵を産ませたいときは光が大切なので、水そう用ライトを使う。外の明るい場所にケースを置いてもよい（直射日光に長い時間当てないこと）。

エアーポンプ

田んぼの土、または砂利をしいて、オオカナダモなどのじょうぶな水草を植える。

さかなのなかま

卵を見つけよう

○初夏～夏の終わりまで、メスは毎日のように水草などに卵を産みつける。
○メダカの親は、せまい水そうの中では卵や子どもを食べてしまうので、卵がついた水草を見つけたら水草ごと別のケースにうつそう。そのとき、水質が変わらないように親の水そうの水の一部をケースに入れる。
○水草についた卵は見つけにくいので、卵が見つからないときはすべての水草を別のケースにうつしてみよう。親の水そうにはかわりの水草を入れておく。
○10日くらいで子どもが生まれる。子どもには小さいつぶのえさをあたえる。
○子どもが1cmくらいの大きさになったら、親の水そうにうつす。

おもしろ情報
流れにさからって泳ぐ

バケツにメダカを入れて、水を回転させてみました。右回りに回転させると、左回りに泳ぐだよ。メダカは水の流れにさからって泳ぐ習性があるよ。

水の流れ

メダカの向き

メダカ図鑑

ヒメダカは、ミナミメダカを品種改良したものです。ヒメダカのほかにも、さまざまな色や形の品種がつくられています。

びっくり情報
新しいメダカはっけん！

北海道をのぞく日本全国にいるメダカ。2013年、研究によって、それまで1種類と考えられていたメダカが、形や色のちがいから、キタノメダカとミナミメダカの2種類いることがわかったよ。

日本の北がわに多い、キタノメダカ

日本の南がわに多い、ミナミメダカ

さかなのなかま

ふな

川や池でよく見るフナですが、じつはあまり研究が進んでいない魚です。とくにギンブナはわからないことが多く、最新の図鑑によれば学名もついていません。しょうらい魚博士になりたい人はフナの研究にちょうせんしよう。

ギンブナ（マブナ）
- 6cm
- こん虫・動物プランクトン・そう類など
- 川の上〜中流

未知の魚ギンブナ

❶ どうしてフナというの？

「浮く」を意味する「フ」と、魚を意味する「ナ」がくっついてフナになったという説があります。

❷ コイとフナのちがいは？

にているコイとフナ。口にひげがあるのがコイで、ひげがないのがフナです。また、コイは川底のえさを食べるので口が下向き。フナは泳いでいるえさを食べるので前向きです。

❸ オスがいないって本当？

▲魚博士の中島淳先生が見つけたギンブナのオス。

ギンブナのオスが見つかることはほとんどありません。左の写真はめずらしいギンブナのオスで、顔に、繁殖期のオスにできる「追星」とよばれる白いブツブツがあります。きみもギンブナをつかまえたら追星があるか見てみよう。オスを見つけたら、すごいことです！

❹ メスだけでどうやってふえるの？

ギンブナはメスだけで繁殖するめずらしい魚です。ふつうは魚の卵がふ化するためには同じ種のオスの精子が必要ですが、ギンブナの卵はほかの魚の精子の刺激があればふ化します。

さかなのなかま

❺ フナにはどんななかまがいるの？

フナはどれも形がよくにていて、見分けるのがむずかしい魚です。
いちばん多く見られるのはギンブナとゲンゴロウブナです。

キンブナ
🐟 3cm　● 小さな水生こん虫・そう類・バクテリア・水草など　🔍 田んぼ
体高が低い。関東地方でフナといえば、このキンブナをさすことがある。

ゲンゴロウブナ（ヘラブナ）
🐟 3cm　● 小さな水生こん虫・そう類・バクテリア・水草など　🔍 田んぼ
別名ヘラブナともよばれ、体高が高いのがとくちょう。

ヒブナ
フナが赤くなったものがヒブナ。中国原産のヒブナが変化してキンギョになった。キンギョは外来種なので、外に放さないようにしよう。

テツギョ（鉄魚）
フナとキンギョがかけ合わされてテツギョになった。天然記念物。

かいかた

じょうぶでかいやすい魚です。長生きして体が大きくなるため、大きめの水そうでかいます。ジャンプをすることがあるので、ふたをしましょう。

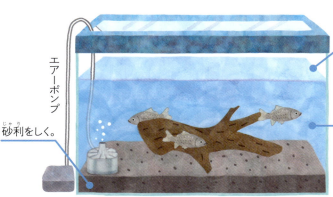

エアーポンプ
砂利をしく。

45cm水そうに3匹くらい。投げこみ式フィルターを使う。

週に1回、1/3の水をかえる。

えさ
お店で売っている金魚のえさ。

さかなのなかま

まめちしき テツギョの名前は、さびた鉄のような色をしていることからついたよ。

どじょう

細長い体に10本のひげ。田んぼや小川にすむ、日本でいちばん有名な魚のひとつです。長くかうことができ、15年以上生きた記録があります。

ドジョウ
- 10cm
- 雑食
- 小川・田んぼ・沼などのどろ底

とくちょう

どろが大好き！

どろの中にかくれて身を守ります。どろから生まれるみたいだから「泥生」（ドジョウ）というよ。

おならをするよ！

ふつう魚はえらで呼吸をするけれど、ドジョウのなかまは、水面から顔を出して、口で呼吸をすることがあるよ。あまった空気は、おならみたいにおしりから外に出すんだ。

ひげでえさをさがす

ドジョウのひげは10本。ひげで、においや味を感じることができるよ。

かいかた

おとなしい魚なので、ほかの魚といっしょにかってみましょう。

えさ

しずむタイプの人工飼料や冷凍アカムシなど。

45cm水そうに3匹くらい。投げこみ式フィルターを入れ、週に1回、1/3の水をかえる。

タナゴ5匹、ドジョウ3匹くらい。

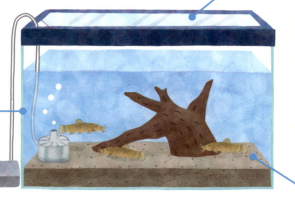

エアーポンプ

砂にもぐるので、硅砂や川砂を5cmほどしく。

ポイント

- よく泳ぐ魚といっしょにかうと、底に落ちたえさをドジョウが食べてくれる。ただし、ドジョウが十分にえさを食べているか注意が必要。
- 飛び出すことがあるのでふたをする。

さかなのなかま

まめちしき ドジョウの体は、傷や病原体から体を守るために、ぬめぬめした粘液でおおわれています。表皮の下には小さいうろこがあるよ。

ほとけどじょう

ドジョウとくらべて、丸くて、太めで、短い体。ドジョウのように川の底でじっとしたり、どろにもぐったりせずに、水の中を泳ぎ回ります。

ホトケドジョウ
- 4cm
- 雑食
- 水のきれいな川や田んぼ

とくちょう

どろにもぐらない！

ほとんど砂やどろにもぐらずに、水の中を自由に泳ぎ回っているよ。

ものかげにかくれる！

敵が近づいたら、ものかげにかくれて身を守る。

びっくり情報

人なつっこい魚なので、手を入れると寄ってきて、やさしく手をつつくことがあります。

かいかた

人になれる、おとなしい魚です。モツゴやタナゴなどといっしょにかってみましょう。

40cm水そうに3匹くらい。投げこみ式フィルターを入れ、週に1回、1/3の水をかえる。

- 水草を育てるためにライトをつける。
- エアーポンプ
- 川砂や赤玉土などを3cmほどしき、マツモなどを植える。

ポイント
- ウィローモスなどの水草を入れておくと産卵することがある。
- 暑さに弱いので、夏はなるべくすずしい場所に置く。
- 飛び出すことがあるのでふたをする。

えさ
お店で売っている、淡水魚用の人工飼料や冷凍アカムシなど。

さかなのなかま

まめちしき ホトケドジョウは、ほかのドジョウのなかまよりも浮きぶくろが発達しています。水の中を自由に泳げるのはそのためです。

たなご

うろこがキラキラ。タナゴは川や湖などで見られる、色や形がとてもきれいな魚です。日本には10種類以上いて、水草が生えるゆるやかな流れに群れています。

ニッポンバラタナゴ
- 5cm
- 植物食
- 平地の川や湖の浅くて水草の多い場所

とくちょう

色が変わる！

ニッポンバラタナゴ

色が変わる前のオス

メスが卵を産むころになると、オスはバラの花のような赤い色（婚姻色）に変わります。メスに自分のことをアピールしているんだよ。

貝に卵を産むよ！

産卵管／卵／イシガイ

タナゴのなかまは、二枚貝の中に卵を産んで貝に卵を守ってもらう、めずらしい魚です。貝に産卵管を入れて卵を産みつけます。ふ化すると、子どもは貝から出てきます。

くらし

大きい川よりも、田んぼの水路みたいに流れがゆるやかなところにくらしています。子どもは動きがおそいので、つかまえてみましょう。

小さい水路。貝がいないと卵を産めないので、かならず貝が近くにいる。

マーク

子どもは背びれに黒いマークがある。

さかなのなかま

かいかた

タナゴのオスはけんかをするので、大きめの水そうにオス1〜2匹、メス3匹ほど入れましょう。貝を入れておくと、卵を産むところがかんさつできます。

えさ
淡水魚用の人工飼料や冷凍アカムシなど。

ポイント
- 繁殖させる場合は、別の水そうで二枚貝をかい、5〜6月の繁殖期に水そうへ入れる。
- 水そう用ライトをつけ、アカムシなどの生きたえさをあたえると、婚姻色がきれいになる。

45cmの水そう。投げこみ式フィルターを入れ、週に1回、1/3の水をかえる。

水草を育てるために水そう用ライトをつける。ケースはなるべくすずしい場所に置く。

エアーポンプ

川砂や砂利などをしき、水草や流木などでかくれ家をつくる。

二枚貝のかいかた

タナゴが卵を産む貝は、イシガイ、ドブガイ、ヌマガイなどの二枚貝です。二枚貝のえさは自然に発生する植物プランクトンです。室内ではプランクトンが発生しにくいので、屋外でかうとよいでしょう。

荒木田土と砂をまぜたものをあつめにしき、投げこみ式フィルターを入れる。

60cm水そうに4匹くらい。ケースはすずしい場所に置く。

水草用の肥料を入れると植物プランクトンが発生しやすい。プランクトンの発生をおさえる成分が入っていない肥料を使う。

まめちしき 卵を産みつけられても二枚貝は死なないけれど、めいわくです。貝の種類によっては管を閉じてじゃまをするものもいます。

さかなのなかま

もつご

「くちぼそ」の名前で親しまれる、身近な水辺で見られる魚です。流れのゆるやかな川や池などの、岸に生える草の根もとを網ですくうと、かんたんにつかまえられます。

モツゴ（クチボソ）
- 6cm
- 雑食
- 流れのゆるやかな川や湖や沼

とくちょう

口がとがっているよ！

小さくて、とがった口をしているから、「くちぼそ（口細）」とよばれているよ。

体に黒いすじ

体に黒っぽいすじがあるのがとくちょう。繁殖期やおとなになると色がうすくなるよ。

おもしろ情報

モツゴのオスはきれい好き。オスが産卵場所のそうじと卵の世話をします。卵は石や貝がらなど、かたいものに産むよ。

かいかた

じょうぶな魚なので、はじめての魚のしいくにむいています。タナゴなどの魚といっしょにかうときは、大きめの水そうを使いましょう。

ポイント
なるべくすずしい場所にケースを置く。

ほかの魚と合わせて7匹くらい。

えさ

淡水魚用の人工飼料や冷凍アカムシなど。

エアーポンプ

45cmの水そうに投げこみ式フィルターを入れ、週に1回、1/3の水をかえる。

オオカナダモ、マツモなどのじょうぶな水草を入れる。水草を育てるためにライトをつける。

川砂や砂利をしき、水草や流木などを入れる。弱った魚をこうげきすることがあるので、かくれ家を多めに入れる。

さかなのなかま

まめちしき モツゴは、口が小さいのでなかなか釣り針にかからず、身近であるのに釣るのがむずかしい魚です。

なまず

大きいアゴと太い4本のひげをもつ、とてもユニークな顔をしたナマズ。日中は物かげで休んでいますが、夜になるとかっぱつに動き回る、夜行性の魚です。

▶おとなはひげが4本。

▼子どもはひげが6本。

ナマズ
- 50cm
- 動物食
- 川や湖のどろ底

とくちょう

ひげはセンサー

4本のひげで、水の動きを感じて、まわりの様子やえものの場所を調べているよ。食べものの味も感じとれる、すぐれたセンサーなんだ。

びっくり情報

本当に地しんを予知できるの？

ナマズは地しんを予知できるといわれているけれど本当かな？わずかな振動や電気を体で感じとることができ、その能力は人間の100万倍とも考えられているけれど、地しんの予知ができるわけではないようです。

かいかた

とても大きな魚です。はげしくケンカをするので、90cm以上の水そうに1匹だけでかいましょう。地しんのときにあばれるか、かんさつしてみよう。

塩ビパイプなどのかくれ家を入れる。砂利をしくと、パイプがころがらない。

ろ過能力の高い、上面式フィルターを使う。

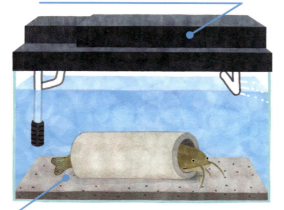

ポイント
- おくびょうな魚なので、暗くてしずかな場所にケースを置く。
- 石などのかたいものを入れると、魚があばれたときに水そうのガラスがわれてしまう。
- なるべくすずしい場所にケースを置く。

えさ
ドジョウやキンギョなどの、生きた小魚。なれてくると、大型魚用の人工飼料やクリルなどを食べる。

さかなのなかま

まめちしき 生まれたばかりのナマズの赤ちゃんは、オタマジャクシににていますが、すでにひげがあります。

カマツカ
- 15cm ●雑食
- 川や湖の砂礫底

タモロコ
- 7cm ●雑食
- 川や池・湖などのよどみ

カダヤシ 特定外来生物
- オス4cm メス3cm ●雑食
- 用水路・小川など。北アメリカ原産の外来生物。

ヌマチチブ
- 12cm ●雑食
- 汽水域から淡水域

コイ
- 80cm ●雑食
- 池・沼・流れのゆるい川。もともと日本にいたコイは琵琶湖などに残っていますが、各地のコイは、江戸時代に大陸から持ちこまれたものなどです。

イトモロコ
- 5cm ●雑食
- 川の中〜下流

ツチフキ
- 6cm ●雑食
- 川や湖の砂礫底

オオクチバス（ブラックバス） 特定外来生物
- 50cm ●動物食
- 池・湖・川など。北アメリカ原産の外来生物。

まめちしき ブラックバスとよばれる魚にはオオクチバスとコクチバスの2種類あり、どちらも特定外来生物です。

さかなのなかま

おいかわ

川の中流や湖などで見られる身近な魚です。親はすばやく泳ぎますが、子どもはゆるやかな流れのところに群れているので、網ですくってつかまえてみましょう。

オイカワ（ヤマベ）
13cm　雑食
川の中〜下流・湖・沼

メス
オス

とくちょう
体の色が変わるよ！

これが追星！

変身前のオス。

メスが卵を産むころになると、オスは青みどり色とピンク色（婚姻色）の美しいすがたに変身します。また、顔とひれに「追星」とよばれる、かたいでっぱりがあらわれ、メスに自分のことをアピールします。

くらし

川の中流から下流、池や湖などで、石についたもや水生生物などを食べてくらします。春から夏にかけて、1匹のメスに対して、1〜2匹のオスがならんで泳ぎ、しばらくするとメスは流れのゆるやかな砂のところで卵を産みます。卵は2〜8日でふ化し、子どもは2〜3年で親になります。

川底に産み落とされた卵。

ふ化した子ども。

オスどうしが真っ赤になったひれを見せ合って、ケンカをしています。オスにはなわばりがあるよ。

さかなのなかま

まめちしき 繁殖期ではないときに、オスとメスを区別するのはとてもむずかしく、飼育にくわしい人でもまちがうことがあります。

かいかた

かいやすい魚ですが、よく泳ぐので大きい水そうを用意します。ほかの魚といっしょにかうこともできます。卵を産ませたいときは、オスとメス1匹ずつでかいましょう。

ろ過フィルターの水流でバシャバシャと泡を作り、酸欠にならないようにする。

ポイント
暑さに弱いので、夏はなるべくすずしい場所にケースを置く。

えさ
ペレットやフレークフードなどの人工飼料。つかまえてきたばかりのころは、アカムシなどの生きたえさしか食べないことがある。120ページを見よう。

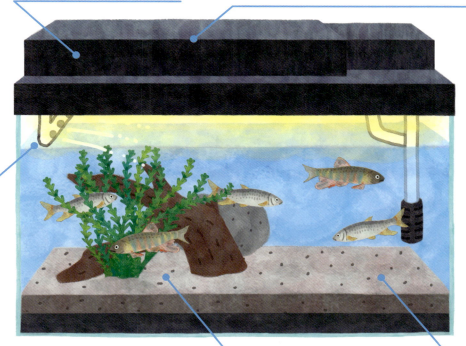

水のよごれに弱いので、上部式フィルターなど、ろ過能力の高いものを使う。

水草を育てるために水そう用のライトを使う。水面に飛び出すことがあるので、かならずふたをする。

かくれ場所になる、石や流木などを入れる。

60cm以上の水そうに2〜5匹。

卵を産んだら
卵や子どもを見つけたら、そっと別の水そうにうつし、投げこみ式のフィルターを使ってかいましょう。おなかについた栄養が入ったふくろ（ヨークサック）がなくなったら、お店で売っている子ども用の人工飼料や冷凍ミジンコなどの、小さいえさをあたえましょう。

かんさつしよう

おなかのふくろは何？
ふ化した子どものおなかには、栄養の入った「ヨークサック」という大きなふくろがついています。2〜5日後、ふくろがなくなると、自分でえさをさがしはじめるよ。

まめちしき オイカワは、釣り人から「ヤマベ」とよばれています。

さかなのなかま

よしのぼり

カワヨシノボリは川でくらす魚です。川の上流から中流の、川ぞこや石のすき間からユニークな顔をのぞかせているすがたを見かけます。

カワヨシノボリ
- 6cm
- こん虫・動物プランクトン・そう類など
- 川の上〜中流

とくちょう

ひれでピタッ！

流れのある川でくらせるように腹びれが吸ばんみたいになっていて、石にピタッとつくよ。

オスとメス、なかよく石にピタッ！

はげしいケンカ！

オスはなわばりをもち、オスどうしが出会うと、ひれと口を大きく広げてケンカをします。

かいかた

小さい魚ですが、オスはなわばりをもつので、40cm以上の水そうに、オス1匹、メス1〜2匹ずつでかいましょう。

投げこみ式フィルターを入れ、週に1回、1/3の水をかえる。

砂利を3cmほどしき、大きめの石や流木を入れる。

ポイント
なるべくすずしい場所にケースを置く。

えさ
水にしずむ人工飼料や冷凍アカムシなど。はじめのころはアカムシなどの生きたえさしか食べないことがある。

まめちしき 繁殖期のヨシノボリのオスは、水そうの中でも石の近くになわばりをもち、ケンカをはじめます。食用にされ、おいしい魚として知られています。

かじか

カジカ
- 15cm
- こん虫・小魚など
- 川の上流

カジカは日本の川にだけすむ魚です。ゴリやドンコともよばれます。体の色が川底の色にそっくりなので、なかなか見つかりません。

とくちょう

石にそっくり！

石のすき間にかくれていることが多く、かくれ家から出てきても、体が石にそっくりなので見つけるのがむずかしいよ。

大きい胸びれ！

大きな胸びれを下に広げて、川底や岩のすき間でじっとしているよ。

さかなのなかま

かいかた

川の上流にくらすカジカをかうには、きれいで冷たい水が必要です。水そう用クーラーと強力なろ過フィルターを使いましょう。

60cm以上の水そうに2匹くらい。外部式フィルターを使う。週に1回、1/3の水をかえる。

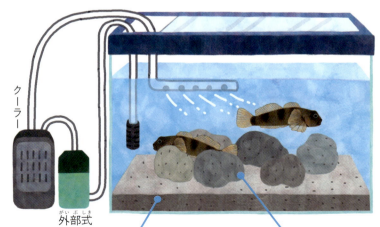

クーラー
外部式フィルター
大きめの砂利を3cmほどしき、石を入れる。

ポイント
- 水温が20度以下になるようにクーラーをセットする。
- 水流をつくり、水が泡立つようにする。

えさ
水にしずむ人工飼料や冷凍アカムシなど。

まめちしき 一生を川ですごすタイプと、海に下るタイプがあります。各地で食用にされる、とてもおいしい魚です。

やまめとあまご

夏でも水が冷たい川にくらすサケのなかまです。ヤマメとアマゴは同じ種類ですが、すんでいる地域がちがいます。体に赤い点があるのがアマゴで、赤い点がないのがヤマメです。

アマゴ
- 25cm
- 動物食
- 山間の谷川

ヤマメ
- 30cm
- 動物食
- きれいなけい流

とくちょう

女王のようにうつくしい！

けい流とは、流れがはやい川の上流のこと。うつくしいすがたから、「けい流の女王」とよばれているよ。

岩にかくれる！

岩から顔を出すヤマメ。

とても警戒心が強いので、人の気配を感じるとサッと岩のすき間にかくれます。

かみついて食べる！

カワゲラの幼虫を食べようとするヤマメ。

ヤマメとアマゴはこん虫が大好き。虫を見つけたら、とてもはやいスピードで泳いできて、するどい歯でガブッとかみつきます。

ひれに注目！

あぶらびれ

少しふっくらした「あぶらびれ」とよばれるひれがあります。ヤマメやアマゴ、イワナなど、サケのなかまはみんなあぶらびれをもっているよ。

まめちしき ヤマメやアマゴの丸いマークはパーマークといいます。サケのなかまの子どもに見られるもようです。

ヤマメとアマゴがすんでいるところ

アマゴ
ヤマメ

ヤマメとアマゴは同じ種類の魚ですが、みどり色のところにすんでいるものをヤマメ、ピンク色のところにすんでいるものをアマゴとよびます。

アマゴのメス（左）とサツキマスのオス（右）のペア

おもしろ情報

サケのなかまは、同じ親から生まれた子どもでも、条件によって、川で一生をすごすものと、海に下って海ですごし、川に上ってきて卵を産むものの、2つに分かれます。ヤマメが海に下ると名前がサクラマスに変わり、アマゴが海に下るとサツキマスに変わります。

くらし

ヤマメとアマゴは動物食のどうもうな魚ですが、その反面、警戒心が強く、人かげなどを見ると、すばやくかくれてしまう、おく病な魚でもあります。だから、ヤマメがさかんに食事をするのは、目立ちにくい、早朝や夕方のうす暗い時間帯です。そのときけい流で耳をすますと、水面を流れてきた虫にヤマメがバシャッとかみつく水音が聞こえることがあります。

さかなのなかま

川にすむ魚たちです。上流にいるもの、下流にいるもの、流れの中にいるもの、岩のすき間にいるものなど、種類によって好きな場所がちがいます。

イワナ（ヤマトイワナ）
- 30cm ● 動物食
- 河川の最上流域など

アユ
- 15cm ● 植物食
- 川の上〜中流の瀬

アブラハヤ
- 10cm ● 雑食
- おもに川の上〜中流

カワムツ
- 15cm ● 雑食
- 川の上〜中流

ヌマムツ
- 13cm ● 雑食
- 川の下流・湖・沼

ウグイ（ハヤ）
- 25cm ● 雑食
- 川・湖・沼・内湾

さかなのなかま

まめちしき　サケのなかまやアユにもある「あぶらびれ」は、小さいけど、泳ぎに役立っているという説があります。

きんぎょ

色やもようがうつくしいキンギョは、見て楽しむためにつくられた魚です。たくさんの種類があり、リュウキンはそのなかでも、丸くて、お腹が出ているのがとくちょうです。

リュウキン（琉金）
江戸時代に、中国から琉球を経由して伝わったことから、この名前がついた。

さかなのなかま

とくちょう

フナからつくられた！

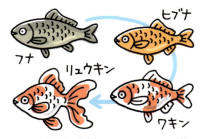

キンギョは大昔の中国で、フナという魚からつくられました。日本に広まったのは江戸時代から。日本でつくられたキンギョも多いよ。

泳ぎがへた!?

ゆらゆら

大きいひれを動かして、ゆっくり泳ぎます。魚なのに泳ぎはそれほどうまくないよ。

ふんがなが〜い！

ふん

ふんが切れずに長くなることがあります。とう明なところがあったら、そこはおしっこだよ。

おもしろ情報

うろこがすけすけ

シュブンキンのとう明なうろこ

うろこがとう明で、皮ふがすけて見えるキンギョがいます。ふつうのうろこはキラキラ光りますが、その光る成分がないのがとう明なうろこです。

まめちしき キンギョの中には、土佐金（とさきん）や出雲南京（いずもなんきん）のように、特定の地域だけで育てられているご当地金魚もいます。

くらし

キンギョの繁殖は5〜6月の夜中で、1匹のメスがシーズン中に何度か卵を産みます。子どもは黒く細長いすがたをしていますが、成長にしたがって、キンギョらしい色や形に変わります。

1 水草などに卵を産みつける。2mmくらいの大きさ。

2 卵は数日でふ化する。体は細長い。

3 ふ化14日目。尾びれがわれる。

4 ふ化30日目。おなかが出てくる。

5 ふ化60日目。色が変わり、キンギョらしくなった。

先祖がえりしたリュウキン
たまにキンギョの先祖のフナみたいな尾の形のものが生まれるよ。

かいかた

キンギョはじょうぶで、かいやすい魚です。じょうずにかうと10年以上長生きします。ゆうがに泳ぐすがたを楽しみましょう。

水草を育てるためのライト。

金魚は水草を食べてしまうので、水草を入れる場合はじょうぶなアナカリスなどを入れる。

投げこみ式フィルターを入れ、1〜2週間に1回、1/3の水をかえる。

エアーポンプ

えさ
お店で売っている金魚のえさ。

小さいものは45cm水そうに3〜4匹。大きいものに卵を産ませるときは60cm以上の水そうにオス、メス1匹ずつ。

卵を産ませてみよう

卵を産ませるときは、2さい以上のおとなをかう。オスとメスを見わけるのはむずかしいので、養魚場などでたずねてみよう。

産卵が近くなると、オスがメスを追いかける。

水草に卵を産みつける。

さかなのなかま

キンギョ図鑑

いろいろな品種を組み合わせて新しい品種をつくります。すべての品種の先祖は中国のキベリオブナなので、べつべつの品種の間で子どもをつくることができます。

コメット

ワキン（和金）

チョウテンガン（頂天眼）

キャリコリュウキン（キャリコ琉金）

ピンポンパール

まめちしき 赤と白のもようは、更紗（さらさ）とよばれています。

まめちしき アズマニシキやタンチョウの頭のこぶは、肉瘤（にくりゅう）とよばれます。

たにし

マルタニシは、田んぼなどにすむ巻き貝です。土の中にもぐることができ、田植えがおわって水がなくなっても、土の中で生きつづけることができます。

マルタニシ
- 6cm（殻高）
- 砂泥中の有機物
- 田んぼ・沼・小川

とくちょう

ふたをする！

よく見るカタツムリのからには、ふたがないけれど、マルタニシにはふたがあります。敵が近づくとふたをして身を守るんだ。

目が根もとにある！

ふつうのカタツムリの目は触角の先にあるけれど、マルタニシの目は触角の根もとにあるよ。

子どもを産む！

メスは「育児のう」というふくろで子どもを育てます。大きくなったら小さな貝がらを背負ってぞろぞろ出てくるよ。

かいかた

タニシなどの巻き貝は、とてもかいやすいので、メダカやモツゴなどの魚といっしょにかってみましょう。

えさ

水草、コケ、魚の人工飼料など。魚といっしょにかうときはタニシにえさは必要ない。

エアーポンプ
投げこみ式フィルター
川砂を3cmしき、石や流木などを入れる。

45cm水そうにモツゴ4〜5匹、マルタニシ3〜4匹。週に1回、1/3の水をかえる。

コケが育つようにカーテン越しの光が入る場所に置く。夏はなるべくすずしい場所にする。

ポイント

水そうについたコケを食べるので、コケそうじをしないでおくとよい。

まめちしき カタツムリにはオスメスの区別がありませんが、タニシにはオスメスがあります。

かいのなかま

淡水の貝図鑑

貝のなかまには、巻き貝と二枚貝があります。巻き貝はおもに水中の岩などにくっついていて、二枚貝は水中の土の中にもぐっています。

ヒメタニシ
- 3.5cm（殻高）
- 砂泥中の有機物
- 沼・池などのよごれた水

マシジミ
- 4cm（殻長）
- プランクトン
- 水のきれいな川の砂地

イシガイ
- 6cm（殻長）
- プランクトン
- 水のきれいな川・沼・湖

オオタニシ
- 6.5cm（殻高）
- 砂泥中の有機物
- 田んぼ・川・池などのきれいな水

カラスガイ
- 30cm（殻長）
- プランクトン
- 池・沼の砂泥の中

イシマキガイ
- 2.5cm（殻径）
- そう類
- 川の中流から河口の岩礁

カワニナ
- 3cm（殻高）
- 砂泥中の有機物
- 田んぼ・沼・川など

ヌマガイ
- 13cm（殻長）
- プランクトン
- 川・池・沼の砂地や泥地

モノアラガイ
- 2cm（殻高）
- そう類や有機物
- 田んぼの水路・池・沼の水草の上

サカマキガイのなかま
- 1cm（殻高）
- そう類や有機物
- 池・沼・下水道。ヨーロッパ原産の外来生物。

スクミリンゴガイ（ジャンボタニシ）
- 6cm（殻高）
- 水辺の植物
- 田んぼ・用水路など。南アメリカ原産の外来生物。

かいのなかま

まめちしき タニシは食用にされることがあります。ただし、寄生虫がいるので生で食べることはできません。

水族館へ行こう！

井の頭自然文化園・水生物館

おもに関東の淡水の生きものたちに会うことができる水族館です。生きものたちのえさの時間、サワガニにさわれるほか、さまざまなイベントが開催されています。

オオサンショウウオの脱皮

どはくりょく！
世界最大級のサンショウウオ

▲オオサンショウウオ
最大で1m 50cmにもなる、世界最大級の両生類です。絶滅が心配されていて、国の特別天然記念物に指定されています。

巣をつくる魚だよ

▲ムサシトミヨ
巣をつくり子育てをする、めずらしい魚です。埼玉県の元荒川の上流部だけに見られ、野生での絶滅が心配されています。

日本一きれいなタナゴ

オス　メス
▼ミヤコタナゴ

関東の一部にだけくらすタナゴのなかまで、絶滅が心配されている国の天然記念物です。

▼ニホンイシガメ

なかよくならんで日光浴

日本だけにすんでいるカメです。日光浴や、水中を泳ぎ回るすがたをかんさつすることができます。

よそから持ちこまれた外来生物について勉強できるよ！

外来生物とは、もともとその場所にくらしていなかった生きもののこと。そのなかには日本の自然や人のくらしに悪い影響をあたえるものがいて、大きな問題となっています。

◀カミツキガメ・オオクチバス・ブルーギル

アメリカ大陸から釣り用の魚やペットなどとして持ちこまれたものが日本で繁殖しました。日本にすむ生きものを食べつくしたり、人にかみついたりする危険があるため、これ以上広がらないように、法律で特定外来生物に指定され、移動や飼育が禁止されています。

◀ミシシッピアカミミガメ

子どもの甲らの色にちなんでミドリガメともよばれます。ペットとしてかわれたものが放され、各地で野生化しました。北アメリカ南部原産。

魚にさわることができるよ！

ウグイ
ふつうの魚は水に手を入れると逃げますが、ここの魚は手によってきて、さわることができます。おどろかせないように手を入れよう。

タガメ

水生こん虫の王様！

水の中でくらすクモは、世界でミズグモだけ！

ミズグモ
世界でただ1種類、一生を水中で生活するクモが日本にもすんでいます。水中に巣をつくり、その中に空気をためてくらします。

巣の中のミズグモ

井の頭自然文化園・水生物館

東京都武蔵野市
御殿山 1-17-6
tel. 0422-46-1100

多くの日本産淡水魚をはじめ、水生植物、オオサンショウウオなどの両生類、タガメなどの水生こん虫、水鳥のカイツブリ、めずらしいミズグモなども展示。ミヤコタナゴなどの希少種の繁殖にも力を入れる。井の頭恩賜公園の中にある都会のオアシス。

海の生きものをつかまえよう

海には生きものがいっぱい。
いろいろな場所で、つぎつぎと
生きものに出会えます。

> かならず、おうちの人といっしょにでかけよう。

干潮

潮が引いた磯には生きものがいっぱい。

満潮

潮が満ちてきたら、危険なので海には近づかないこと。

海の生きものをつかまえよう

1 いつ？

海は約6時間ごとに潮が満ちたり引いたりします。干潮のときに行くと、水が浅くなるので生きものがたくさん見つかります。

2 どこへ行く？

潮が引いた潮だまり（タイドプール）には、小さな魚やヒトデ、ウミウシ、ヤドカリなどが見つかります。

磯の潮だまり

砂浜

▲砂の上にあいた穴を見つけたら、スコップや熊手でほってみよう。

干潟

▶砂やどろの中にカニや貝がかくれているよ。アサリをほる、潮干がりをやってみよう。

3 つかまえかた

磯に行ったら、網やスコップ、熊手などを使って生きものをつかまえよう。

●岩の表面を見てみよう

貝やフジツボが見つかるよ。強くついて取れないものも、かんたんに取れるものもいるよ。

●石をひっくり返してみよう

石の下には、たくさんの生きものがかくれているよ。けがをしないように手ぶくろをしよう。

●網ですくってみよう

魚やカニをつかまえるときは、網を使おう。網をそっと置いて、じょうずにおいこもう。

海の生きものをつかまえよう

ヒトデ はっけん！

4 持ち帰りかた

13ページの持ち帰りかたと同じです。海水を持ち帰るためのバケツも用意しましょう。

ムラサキウニ / ミドリイソギンチャク / ニホンクモヒトデ / ドロメ / イトマキヒトデ / ホンヤドカリ / バフンウニ

いろいろ つかまえたよ！

あごはぜ なべか おやびっちゃ かごかきだい

オヤビッチャ
- 17cm
- 雑食
- サンゴ礁や岩礁域

カゴカキダイ
- 20cm
- 動物食
- 岸近くの岩礁域

ナベカ
- 6cm
- 雑食
- 沿岸の岩礁域

アゴハゼ
- 7cm
- 雑食
- 沿岸の岩礁域や潮だまり

磯にすむ魚たちです。じょうぶでかいやすく、ほかの魚を食べたりしないので、ひとつの水そうでいっしょに泳ぐすがたを楽しめます。

さかなのなかま

とくちょう

あくび！

5本の横じま！

◀ **オヤビッチャ**
5本のよこじまがあります。磯の潮だまりで、オヤビッチャの子どものむれが見られます。

▼ **カゴカキダイ**
5本のたてじまがある。初夏、磯の水路でカゴカキダイの子どものむれを見かけます。子どもは動きがおそくてつかまえやすい魚です。

▲ **アゴハゼ**
おもに磯の潮だまりの底のほうで見られます。とても大きな口で、あくびをするよ。

かくれる！

◀ **ナベカ**
きれいな黄色い魚。潮だまりの底のほうで見られます。すばしっこくて、穴にかくれるのが大好き。

5本のたてじま！

かいかた

ひとつの水そうでいっしょにかうことができます。磯で石をひろってきて、磯に近い環境をつくってあげよう。

- 海水（人工海水）を入れて、海水魚用の外がけフィルターをつける。
- 45cm水そうに全部で10匹くらい。
- 海の砂を2〜3cmしく。
- 水位のマーク。水が蒸発して水位が下がったら、水をたす。塩分はへらないので、入れるのは水だけ。
- 磯でひろった石を組んで、かくれ家をつくる。

えさ
お店で売っている海水魚のえさ。

カゴカキダイ
たてじま

オヤビッチャ
よこじま

おもしろ情報
たてじま、よこじま？
カゴカキダイはたてじま、オヤビッチャはよこじまです。人間と同じように頭を上にしたとき、よこに見えるのがよこじま、たてに見えるのがたてじまです。

ポイント
冬の海で見られる魚でも、水そうの中では寒さで死んでしまうものがいます。カゴカキダイやオヤビッチャをかうときは、ヒーターを使って水温が15度より低くならないようにしよう。

さかなのなかま

ちんあなご

ヘビみたいに細長い体のチンアナゴ。こう見えて魚のなかまです。沖縄などの南の海に穴をほってくらし、潮に流されてくる小さい生きものを食べます。

チンアナゴ
- 36cm
- プランクトン
- 潮の流れのはやい砂地

さかなのなかま

とくちょう

穴にもぐってくらす！

撮影協力：すみだ水族館

イヌのチンににているよ！

イヌのチン

▲チンアナゴの横顔。チン（狆）という種類のイヌに顔がにているから、チンアナゴというよ。

◀海底の砂に穴をほってくらし、敵が近づくとサッと穴の中にかくれます。ごくまれに穴から出て、べつの場所にいどうします。

かいかた

脱走の名人です。チンアナゴが通れそうなすき間はすべてふさぎましょう。

えさ
冷凍ブラインシュリンプ。

- 45cm水そうに2〜3匹。海水（人工海水）に上部式フィルター。
- 水位のマーク。
- パウダー状のサンゴ砂を5cm以上しく。

ポイント
- おくびょうなので、ほかの魚とかうと穴から出てこなくなる。チンアナゴだけでかおう。
- 25度以下にならないように、冬はヒーターを使う。

まめちしき　砂にもぐるときは、体をくねらせるようにして尾から入っていきます。砂の深さは体長と同じくらいあります。

たつのおとしご

立って泳ぐ、めずらしい魚です。竜のすがたににているので、「竜の落とし子」とよばれています。日本のまわりの海にもすんでいます。

タツノオトシゴ
- 10cm
- プランクトン
- 沿岸の藻場

とくちょう

尾でつかむ！

細長い尾で、ものをつかむことができます。流されないよう海そうに尾をまきつけます。

立ったまま泳ぐ！

泳ぎながら小エビなどを食べる。

背びれを使って、立ったままゆっくり泳ぎます。魚なのに泳ぎはとくいではありません。

おもしろ情報
オスが子そだて！？

ふくろ

オスの腹にふくろがあり、メスはその中に卵を産みます。オスはふ化するまで卵を守り、赤ちゃんが生まれたら外に放すよ。

かいかた

海でつかまえたばかりのころは、生きているえさしか食べません。お店で売っているタツノオトシゴは冷凍した小エビも食べるのでかいやすいでしょう。

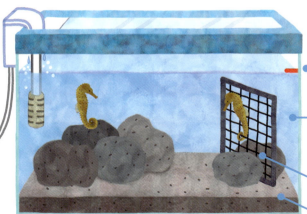

- 水位のマーク。
- 冬はヒーターを使用して15度以上になるようにする。
- 45cm水そうに2〜3匹。海水（人工海水）を入れて、海水用外がけ式フィルターをつける。泳ぎがとくいではないので水流は弱めに。
- つかまるための網。つくりものの水草を入れてもよい。
- 砂利を2〜3cmしく。

えさ
冷凍ブラインシュリンプやホワイトシュリンプ。

まめちしき つき出た細い口を使って食べ物を吸いこんで食べます。えさをあたえるときにかんさつしよう。

さかなのなかま

でばすずめだい
うずまき
はたたてはぜ

南の海にすむ魚たちです。南の海の魚にはかうのがむずかしいものもいますが、これらの魚はじょうぶでかいやすい種類です。別の種類の魚を同じ水そうでかうこともできます。

デバスズメダイ
- 7cm
- 雑食
- 枝状サンゴのまわり

タテジマキンチャクダイの子ども（ウズマキ）
- 40cm（成魚の体長）
- 雑食
- 岩礁やサンゴ礁域

ハタタテハゼ
- 6cm
- プランクトン
- サンゴ礁域の砂底

とくちょう

あくび〜

▲**デバスズメダイ**
うすい水色がうつくしい魚です。なかまどうしでよくケンカをするスズメダイのなかまとしては、めずらしくおだやかな性格です。3〜4匹でかいましょう。

▼タテジマキンチャクダイ（ウズマキ）
体にうずまきもようがあるから、ウズマキともよばれます。まるで水中をただよう落ち葉のように横になってヒラヒラ泳ぎます。

ヒラヒラ！　　子ども

びっくり！

◀**ハタタテハゼ**
ピンとのびた背びれがとくちょうです。とてもおく病で、おどろくと、せまいすき間にかくれてしまいます。1つの水そうに3〜4匹かえます。

かいかた

ひとつの水そうで3種類いっしょにかうことができます。ライブロックをいくつか入れて、かくれ家をたくさんつくりましょう。冬はヒーターが必要です。寒さで弱らせないように注意しましょう。

えさ
お店で売っている海水魚のえさ。

- 海水（人工海水）を入れて、上部式フィルターをつける。
- ハタタテハゼは飛び出しやすいので注意。かならずふたをして、すき間をうめる。
- 水位のマーク。水が蒸発して水位が下がったら、水をたす。塩分はへらないので、入れるのは水だけ。
- 60cm水そうにデバスズメダイ2～3匹、ウズマキ2匹。ハタタテハゼ3～4匹。
- 細かいサンゴ砂を2～3cmしく。

ポイント

- タテジマキンチャクダイはけんかをするので、同じなかま（ヤッコのなかま）は1匹しか入れないようにする。
- ライブロックには、水をきれいにする微生物がすみついていて、かわかしたり淡水で洗ったりすると微生物が死んでしまうので注意する。
- 寒さに弱いため冬場はヒーターが必要。ヒーターは火災ややけどの危険があるので、取りつけるときにはかならずお店の人に注意点を聞こう。
- 水そうにコケが出て困るときは、マガキガイ（巻き貝）を入れる。ゾウの鼻のような口をのばしてコケを食べてくれる。魚をおそったり、魚からおそわれたりすることはない。

マガキガイ

おもしろ情報
うずまきがしまもようになる！

ウズマキの体のもようは、おとなになるとしまもようになります。このように子どもとおとなでもようがすっかり変わる魚は何種類もいます。

さかなのなかま

まめちしき タテジマキンチャクダイは、潮にのって南からはこばれてきて日本の近海でも見られますが、冬になると死んでしまいます（死滅回遊魚）。

くまのみ

イソギンチャクの中にかくれてくらす魚です。気に入ったイソギンチャクのまわりになわばりをつくり、そこからあまりはなれません。

クマノミ
- 10cm
- 雑食
- 浅海の岩礁やサンゴ礁域

さかなのなかま

とくちょう

イソギンチャクにかくれるよ！

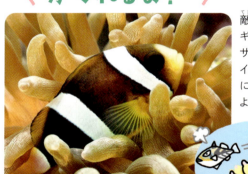

敵が近づくとイソギンチャクの中にサッとかくれます。イソギンチャクの中に入ると、気持ちよさそうにするよ。

ねるときも……

すやすや……
サンゴイソギンチャクの中でねむるクマノミ。

魚もねむります。クマノミはイソギンチャクが大好きなので、ねるときもイソギンチャクの中に入ります。ふわふわのベッドみたいだね。

びっくり情報

イソギンチャクの毒で身を守る！

イソギンチャクは触手にある毒で魚をしびれさせて食べます。しかしクマノミにはその毒がききません。クマノミは、毒をもつイソギンチャクの中にかくれることで、敵から自分の身を守っているんだよ。

イソギンチャクを守る!?

クマノミのふんがイソギンチャクの食べものになったり、クマノミがいるとイソギンチャクの繁殖がさかんになったりすると考えられています。このように、もちつもたれつの関係を「相利共生」といいます。

まめちしき クマノミは、一番大きなオスがメスに性転換し、二番目に大きなオスと結婚します。

かいかた

クマノミはじょうぶでかいやすい魚です。最近ではペットショップでも手に入り、イソギンチャクがいなくてもクマノミだけでかえます。

えさ

- **クマノミ**
  海水魚用のえさ。
- **イソギンチャク**
  クマノミといっしょにかうときはイソギンチャクにえさは不要。

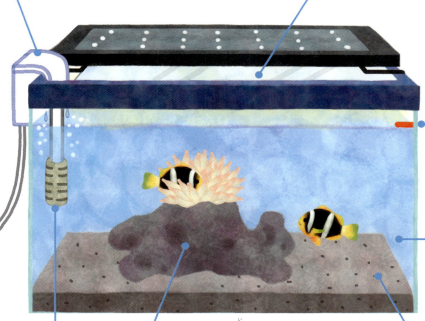

- 海水用の外がけ式フィルターをつけ、ヒーターで25度くらいの水温にする。
- 海水（人工海水）を入れる。イソギンチャク用になるべく明るいライトを使う。
- 水位のマーク。水が蒸発して水位が下がったら水を足す。塩分はへらないので、入れるのは水だけ。
- 45cm水そうにオス、メス1匹ずつ。サンゴイソギンチャクは1匹。
- サンゴ砂を2〜3cmしく。
- イソギンチャクを入れるなら、クマノミが好きなサンゴイソギンチャクにする。
- イソギンチャクが吸いこまれないようにスポンジをつける。

さかなのなかま

おもしろ情報

ハマクマノミ
タマイタダキイソギンチャクが好き。

カクレクマノミ
ハタゴイソギンチャクが好き。

クマノミのなかまたち

クマノミにはいろいろななかまがいます。白いバンド（すじ）が1本のハマクマノミ。3本のカクレクマノミです。カクレクマノミは映画のキャラクターのモデルになったので大人気です。どちらもクマノミと同じようにイソギンチャクにかくれます。それぞれ好きなイソギンチャクがちがうよ。

81

サンゴショウの魚図鑑

沖縄など日本の南の海の魚たちです。あたたかい海にすむ魚はカラフルな色をしたものがたくさんいます。

ナンヨウハギ
- 25cm
- 雑食
- 岩礁やサンゴ礁域

ニシキテグリ
- 4cm
- 動物食
- サンゴ礁

ツノダシ
- 25cm
- 雑食
- 沿岸の岩礁やサンゴ礁域

ルリスズメダイ
- 5cm
- 雑食
- サンゴ礁域

ホンソメワケベラ
- 10cm
- 雑食
- 沿岸の岩礁やサンゴ礁域

チョウチョウウオ
- 20cm
- 動物食
- 岩礁やサンゴ礁域

さかなのなかま

まめちしき ホンソメワケベラは、ホソ（細）ソメワケベラを読みまちがえた結果ついた名前です。

カクレクマノミ
8cm 雑食
サンゴ礁域

⚠️ **ハナミノカサゴ**
30cm 動物食
沿岸の岩礁やサンゴ礁域。背びれ、腹びれ、しりびれに毒トゲ。

ふくらむ前のハリセンボン。

ハリセンボン
30cm 動物食
沿岸の水深40m以浅

クロウミウマ
17cm プランクトン
内湾や沿岸の岩礁やサンゴ礁域

ハマクマノミ
11cm 雑食
浅海の岩礁やサンゴ礁域

さかなのなかま

おもしろ情報
ハリセンボンの針は何本？

ふくらんだハリセンボン。

フグのなかまのハリセンボンは、身を守るときに体をふくらませることがあり、体に針があるので、ふくらむと全身トゲトゲになります。針の数は、じっさいは1000本もなく、およそ360本です。

やどかり

ホンヤドカリは、磯の岩かげや、潮だまりでよく見られる小さいヤドカリです。巻き貝の貝がらなどにおなかを入れてくらします。

ホンヤドカリ
- 1cm（甲長）
- 生きものの死がい、海そうなど
- 岩礁など

とくちょう

貝ではなくてエビやカニ

貝のように見えるけれど、エビやカニのなかまです。貝がらに宿をかりているから「ヤドカリ」というよ。

貝がらの中にかくれんぼ！

敵に会ったり、おどろいたりすると、貝がらの中に体をかくして、はさみあしでふたをします。

貝がらをとったら……

目／おなか／はさみあし

ヤドカリのおなかは、巻き貝の中に入りやすいようにまがっているよ。

かんさつしよう　ひっこしが大すき！

1　新しい貝がらを見つけると、大きさなどを調べる。

2　気にいると、ゴミや砂などを出してそうじする。

3　きゅうくつになった貝がらから出て、ひっこし。

ヤドカリは成長に合わせて、小さくなった巻き貝から、体のサイズに合う巻き貝にひっこしをします。ひっこしをする理由はほかにもあると考えられていて、いつも好みの宿がないか巻き貝をさがしながらくらしています。

えび・かにのなかま

くらし

2〜6月、卵を産んだメスは、ふ化直前まで卵をおなかにかかえて守ります。卵からふ化した子どもは、脱皮をくり返しながら大きくなり、おとなと同じすがたになったら、小さい貝がらをさがして中に入ります。

❶ 300個ほどの卵（矢印）をもったメス。

❷ ふ化していっせいに飛び出す子ども。

❸ 脱皮をくり返しながら、ゾエア幼生（左）からグラウコトエ幼生（右）になる。

❹ 小さい貝がらに入った子ども。

かいかた

じょうぶでかいやすい生きものです。貝がらをたくさん入れて、ひっこしのようすをかんさつしてみよう。

ポイント
- イシダタミなどの、ひっこし用の巻き貝のからをたくさん入れる。
- 食べ残しをこまめに取りのぞく。
- 脱皮のときに、ほかのヤドカリからおそわれることがあるので、海の岩などのかくれ家をたくさん入れる。

えさ
お店で売っているザリガニやヤドカリ用のえさ。冷凍シーフードやワカメなども食べる。

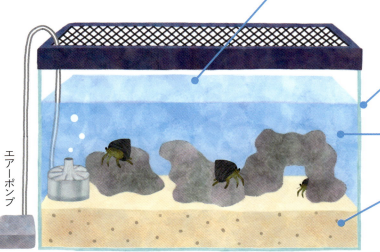

45cm水そうに4〜5匹。海水用の投げこみ式フィルターを入れ、1/3の海水を2週間に1回かえる。陸地は必要ないので、多めに海水を入れる。

水位のマーク。水が蒸発して水位が下がったら、水をたす。塩分はへらないので、入れるのは水だけ。

岩のかくれ家。

サンゴ砂を5cmしく。

エアーポンプ

まめちしき 繁殖期のヤドカリのオスは、卵をもったメスをはさみでつかんでもち歩きます。

えび・かにのなかま

おかやどかり

ホンヤドカリとおなじように、オカヤドカリもエビやカニのなかまです。子どものころは海ですごし、おとなになると陸に上がってくらします。おもに沖縄など南の島にすんでいます。

オカヤドカリ
- 4cm（甲長）
- 生きものの死がい・海そうなど
- 海辺の陸上

とくちょう

陸でくらすよ

陸でくらすヤドカリです。小さいオカヤドカリは外が明るいときに見かけますが、大きいものは夜にしか見つかりません。日がくれると、落ち葉の中や草むらからあらわれます。

おもしろ情報
どうして貝がらが脱げないの？

小さいあし

ヤドカリやカニのあしははさみをふくめて10本ですが、ヤドカリのあしは後ろのほうが小さくなっています。小さいあしは貝がらをつかまえたり、ゴミをかき出したりするのに使います。とう明なガラスの貝がらを背負わせると、小さなあしをよくかんさつできます。

かいかた

天然記念物の生きものなので海でつかまえてきてはいけませんが、ペットショップで売られているものなら、かってもだいじょうぶです。

えさ
お店で売っているヤドカリやオカヤドカリのえさ。

通気性のあるふた。

水入れは全身が入るくらいの大きさ。

45cmのこん虫用しいくケースに3～4匹。

寒いときはシートヒーターを入れて、15～25度にあたためる。

少しあらめのサンゴ砂をしく。

えび・かにのなかま

 雑食性で、そうじ屋さんのオカヤドカリは、ゴミが捨ててあるところなどでよく見かけます。

ヤドカリ図鑑

ヤドカリの多くは水の中でくらしますが、オカヤドカリのなかまは陸でくらします。また、巻き貝のからに入らない種類もいます。

ケアシホンヤドカリ
- 1.5cm（甲長）
- 生きものの死がい・海そうなど
- 岩礁など

ナキオカヤドカリ
- 2.5cm（甲長）
- 生きものの死がい・海そうなど
- 海岸近く

ケブカヒメヨコバサミ
- 1.5cm（甲長）
- 生きものの死がい・海そうなど
- 岩礁など

ユビナガホンヤドカリ
- 1.5cm（甲長）
- 生きものの死がい・海そうなど
- 岩礁など

ムラサキオカヤドカリ
- 4cm（甲長）
- 生きものの死がい・海そうなど
- 海岸近くの草むら

イソヨコバサミ
- 1.5cm（甲長）
- 生きものの死がい・海そうなど
- 岩礁など

びっくり情報　カニそっくりのヤドカリ

イソカニダマシは、カニににているけどヤドカリのなかまです。カニとちがって、歩くための小さいあしが3対しかなく、前に歩くこともできます。磯の岩をひっくり返すと、岩のうらにくっついています。食べておいしいタラバガニもカニではなくヤドカリのなかまです。

イソカニダマシ
- 1cm（甲長）
- 生きものの死がい・海そうなど
- 岩礁など

ヤシガニ
- 12cm（甲長）
- ヤシやアダンの実
- ココヤシやタコノキの林

強力なはさみあしにはさまれないように注意。

まめちしき ヤシガニは、あしを広げると、1メートル以上の大きさになることがあります。

えび・かにのなかま

いそすじえび

イソスジエビ
🔸5cm ●小型甲かく類・ゴカイなど 🔍潮間帯の岩礁

その名のとおり、体にすじがあるエビです。磯の潮だまりで見られ、岩をひっくり返すと、かくれていたエビがたくさん出てくることがあります。

とくちょう

体がすけすけ！

体がとう明だから、敵に見つかりにくいよ。

おそうじするよ！

死んだ魚などを食べる、海のそうじ屋さんです。

おもしろ情報

そっくりさんがいる！

磯の潮だまりにはイソスジエビのそっくりさんがいます。その名もスジエビモドキ。イソスジエビよりも、すじの数が少ないよ。見分けられるかな？

かいかた

じょうぶでかいやすい生きもので、冬でも保温せずにかうことができます。魚やヤドカリといっしょにかってみましょう。

えさ

海水魚のえさ。いっしょに魚をかっていると、死んだ魚を食べる。

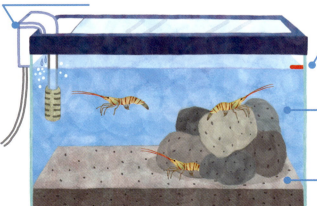

外がけ式フィルター

水位のマーク。水が蒸発して水位が下がったら水をたす。塩分は蒸発しないので、入れるのは水だけ。

40cm水そうに3～4匹。海水（人工海水）を入れる。

海の砂や砂利を2～3cmしき、海の岩を組んでかくれ家をつくる。

えび・かにのなかま

まめちしき　暗くなったらライトを当ててみよう。光が反射して目が光って見えます。これは暗いところで活動するためのしくみです。

海のエビ図鑑

潮だまりの岩の下や、海そうの中にはいろいろなエビがすんでいます。

アシナガモエビモドキ
4cm ●そう類など Q岩礁・藻場

コシマガリモエビ
5cm ●そう類など Q藻場など

スジエビモドキ
4cm ●小型甲かく類・ゴカイなど Q潮間帯の岩礁

アカシマモエビ
4cm ●藻類など Q藻場など

イソモエビ
3cm ●そう類など Q岩礁など

サラサエビ
4.5cm ●そう類など Q岩礁など

フトミゾエビ
20cm ●貝・甲かく類・ゴカイなど Q内湾の砂地やどろ地

びっくり情報
アミはエビそっくり！

アミという生きものはエビにそっくりですが、エビとはまったくちがう生きものです。アミは海のいろいろなところで見られ、クジラや魚など海の生きものの重要な食べものになっています。

えび・かにのなかま

いそがに

いちばん身近な磯のカニで、岩場の浅いところで見られます。岩のうらがわにかくれていることが多いので、水中の岩をひっくり返してみよう。

イソガニ
- 2.5cm（甲幅）
- 雑食
- 海岸の岩礁

カニのからだ

歩脚 歩くためのあし。左右合わせて8本。

目

はさみあし 左右合わせて2本。

あしはそれぞれ7つの節にわかれている。

甲

口　**大あご**

腹　カニのなかまは、腹を内がわにおりたたんでいるよ。

えび・かにのなかま

とくちょう

横に歩くよ！

ササササッ

はさみ以外の8本のあしを使って、すばやく横に歩きます。イソガニは前には歩けないよ。

海をおそうじ！

死んだ魚などを食べて海をきれいにするから「海のそうじ屋さん」とよばれているよ。

ふくろで味を感じる!?

ふくろ

はさみの間にあるふくろは、食べものの味を感じることができると考えられているよ。

まめちしき イソガニは釣り具屋さんで、釣りのえさとして売られていることがあります。

かいかた

じょうぶで、長くかうことができる生きものです。岩にかくれるのが好きなので、いくつか石を入れて、かくれ家をつくりましょう。

えさ
お店で売っている海水魚のえさ。

ポイント
小魚やヤドカリ、エビなどといっしょにかうと、ほとんどカニに食べられてしまう。カニだけでかおう。

40cm 水そうにオス1匹、メス2〜3匹。海水（人工海水）を入れる。

逃げることがあるのでふたをする。

水位を少し低くして石を水面から出し、カニが陸にのぼれるようにする。

水位のマーク。

エアーポンプ

砂利を2〜3cmしき、投げこみ式フィルターを入れる。

えび・かにのなかま

かんさっしよう

カニのオスとメス

カニは、腹の形を見ると、オスかメスかわかります。メスは卵をかかえるので、腹の幅が広くなっています。

オス　幅がせまい

メス　幅が広い
卵をかかえたメス。ふ化するまで卵を腹で守る。

びっくり情報
オスが卵を産んだ？

卵のように見えますが、じつはオスについた寄生虫（フクロムシ）です。オスのカニは卵だと思いこみ、メスのようにフクロムシを守ります。

しおまねき

干潟にすんでいるカニです。オスだけ、片側のはさみが大きくなり、繁殖期にはさみをふり上げて手まねきするような動きをします。

メス / オス

シオマネキ
- 4cm（甲幅）
- 砂泥の中の有機物
- 干潟や河口・潮間帯上部の海岸

とくちょう

片側だけはさみが大きい！

オスのはさみは、片側だけ大きいよ。右のはさみが大きいカニと、左のはさみが大きいカニがいます。メスは両方のはさみが小さいよ。

手まねきする！

繁殖期のオスは、はさみをふり上げたまま右左に動かして手まねきします。メスをさそう求愛行動です。

おもしろ情報 子どもはカラフル！

シオマネキの子どもはとても色あざやかです。大きさは数ミリほど。

かいかた

海水がくさると弱ったり死んだりします。エアーポンプで空気を送り、水がくさらないようにしよう。

えさ

どろに光が当たったときに発生する微生物を食べるので、とくにあたえなくてよい。あたえたいときはメダカのえさなど粒が細かいえさをどろの上にまく。

エアーポンプ

- ガラスのふたは、光が当たったときにケース内が高温になるため、網のふたをする。
- 45cm水そうにオス、メス1匹ずつ。光が当たる場所に置く。
- シオマネキを見つけた場所のどろを入れる。

えび・かにのなかま

まめちしき オスがはさみをふる動きから、英語では「バイオリンをひくカニ」とよばれています。

海のカニ図鑑

カニの種類によって、すんでいる場所がちがいます。どこにどんなカニがいるかさがしてみよう。

スナガニ
- 3cm（甲幅）
- 雑食
- 砂浜

マメコブシガニ
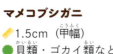
- 1.5cm（甲幅）
- 貝類・ゴカイ類など
- 内湾の干潟

ヒライソガニ

- 2.5cm（甲幅）
- 雑食
- 石の多い海岸

ハクセンシオマネキ
- 2cm（甲幅）
- 砂泥の中の有機物
- 潮間帯の干潟

イシガニ
- 7cm（甲幅）
- 貝・甲かく類・魚など
- 潮間帯の岩礁や河口付近

ヘイケガニ

- 2.5cm（甲幅）
- 貝類・ゴカイ類など
- 水深50〜150mのどろ底

貝がらを背負ったヘイケガニ。

アミメキンセンガニ

- 3.5cm（甲幅）
- 貝類・甲かく類・魚など
- 潮間帯から水深50mの砂底

ヤマトオサガニ

- 4cm（甲幅）
- どろの中の有機物
- 河口のどろ地

チゴガニ

- 1cm（甲幅）
- どろの中の有機物
- 河口付近の干潟

オウギガニ

- 3.5cm（甲幅）
- 貝・甲かく類など
- 潮間帯から潮下帯の砂底

びっくり情報
だれのしわざ？

コメツキガニ

潮が引いた干潟では、丸い砂のつぶがたくさん見つかります。コメツキガニのしわざです。砂を口に入れ、食べられるものを食べたら、残りの砂を丸めてすてます。

えび・かにのなかま

あさり

潮干がりでとれる代表的な二枚貝です。春から夏の大潮のころに、潮の引いた干潟で小石のまじる砂やどろを、スコップでほるととれます。

アサリ
- 4cm（殻長）
- プランクトンなど
- 🔍 淡水が流れ込む砂やどろの干潟

とくちょう

あしを使ってもぐる！

あし

舌のような長いあしをじょうずに使って、砂にもぐっていくよ。

チュウチュウお食事！

食紅で色をつけた水をたらすと、水を吸うところが見える。

入水管

アサリなどの二枚貝は、ストローみたいな2本の管で水を入れたり出したりします。こうして水の中のプランクトンなどを食べるよ。

子どものときは泳ぐ！

アサリの子どもたち

卵からかえると、泳ぎ回りながら大きくなります。おとなになって、からができたら、海底でくらすようになるよ。

貝のからだ

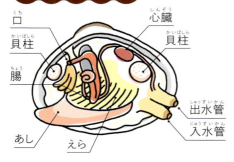

口 / 心臓 / 貝柱 / 貝柱 / 腸 / 出水管 / 入水管 / あし / えら

おもしろ情報

アサリのもようは、ひとつひとつがみんなちがうよ。おみそ汁に入っていたアサリの貝がらをよく見てみよう。歯ブラシで貝がらのよごれをとって、かわかしたら貝がらコレクションの完成！

もよういろいろ

まめちしき 近年、アサリが激減し、ほとんどとれなくなった場所がたくさんあります。

かいのなかま

かいかた

鮮魚店で生きたアサリを手に入れたら、しばらくかってみましょう。暑さに弱いので、秋から冬の寒いころにかいましょう。

えさ

サンゴ用のえさ、珪藻、クロレラ、オキアミやクリルなどを細かくしたもの。

暑さに弱いので、なるべくすずしい場所に置く。

エアーポンプ

ポイント

死んだアサリはすぐに水そうから出すこと。

水位のマークをつけて、海水が濃くならないようにする。

40cm水そうに4〜5匹。投げこみ式フィルターを入れ、2週間に1回、1/3の海水（人工海水）をかえる。

砂浜の砂を5cmくらいしく。

かんさつしよう

水のおそうじじっけん

よごれた海水にアサリを入れてみよう。アサリが海水を管から吸ったりはいたりして、水をきれいにするようすがかんさつできます。豆乳（無調整）などを少したらしても同じじっけんができます。豆乳を入れると、アサリのえさやりにもなるので一石二鳥！

よごれた海水を入れた容器が2つ。右側だけにアサリを入れた。

2〜3時間後、アサリが水をきれいにしたよ。

まめちしき アサリは、有毒なプランクトンを食べて、毒をもつことがあります。

かいのなかま

95

海辺の貝図鑑

からをもつ貝のなかまは大きくわけて、2つのからで体をつつむ二枚貝と、らせん状のからをもつ巻き貝がいます。

かいのなかま

ベッコウガサ
📏 3.5cm（殻長） 🟢 そう類
🔍 干潮帯上部の岩礁

マツバガイ
📏 8cm（殻長） 🟢 そう類
🔍 干潮帯の岩礁

イシダタミ
📏 2.5cm（殻高）
🟢 そう類
🔍 潮間帯の岩礁

スガイ
📏 3cm（殻高）
🟢 そう類
🔍 潮間帯の岩礁

クマノコガイ
📏 3cm（殻高）
🟢 そう類　🔍 潮間帯〜水深20mの岩礁など

クボガイ
📏 4cm（殻高） 🟢 そう類
🔍 潮間帯〜水深20mの岩礁など

ウノアシ
📏 3cm（殻長） 🟢 そう類
🔍 干潮帯上部の岩礁

ウミニナ
📏 3cm（殻高） 🟢 有機物やそう類　🔍 干潮帯上部の岩礁

マテガイ
📏 12cm（殻長） 🟢 小さな生きもの
🔍 内湾の潮間帯の砂地やどろ地

トマヤガイ
📏 3cm（殻長） 🟢 小さな生きもの
🔍 潮間帯の岩礁

おもしろ情報
膜でからをおおう

貝がら / 膜

メダカラ
📏 2cm 🔍 潮間帯〜水深10mの岩礁など

タカラガイのなかまは、マントのような膜をのばして、自分の貝がらをつつんでしまいます。1〜4のじゅんばんで膜が下から上に上がっているのがわかるかな？

貝がらをさがそう

海に行くと、砂浜などに打ち上げられたいろいろな形や色をした貝がらをひろうことができます。なかにはめずらしい貝がらもありますので、さがしてみましょう。

ツメタガイ / イタヤガイ / サザエ / オオコシダカガンガラ / トコブシ / オオヘビガイ / ベニガイ / キンチャクガイ / タケノコガイのなかま / マクラガイ / メダカラ

びっくり情報
貝を食べる貝がいる！

ぱくっ！

ひもをとおしたら、ペンダントになるね。

海辺で貝がらをひろっていると、丸い穴のあいたものが見つかります。かたい貝がらの中にいれば安全かと思いきや、貝がらに穴をあけて中を食べる生きものがいるのです。そのひとつがツメタガイという貝。貝が貝をおそうことがあるんだよ。

かいのなかま

まめちしき 海辺に流れ着いた物を集めたり、かんさつすることを「ビーチコーミング」とよぶよ。楽しいからやってみよう！

うみうし

ウミウシは、貝がらをもたない貝のなかまです。陸の生きものにたとえるならナメクジみたいなもの。磯の岩の表面や、海そうにくっついています。

アオウミウシ
- 3cm
- カイメン類など
- 磯など

とくちょう

海のウシ⁉

青い体に黄色いもよう。赤い2本の触角がウシの角みたいだからウミウシというよ。

おしりのお花は?

えら

花びらのようなものは、呼吸をするための「えら」です。真ん中に肛門があります。

おもしろ情報

アオウミウシの卵

冬から初夏にかけて、岩などに花びらのような卵を産みます。ウミウシの子どもには貝がらがありますが、おとなになると貝がらはなくなります。

かいかた

ざんねんながら、長くかうのがむずかしい生きものです。急に死ぬことはありませんが、だんだん小さくなります。1～2週間かってかんさつしたら、もとの場所へ放しましょう。

 124ページ「守らなければならないこと」を読んでから放しましょう。

40cm水そうに3～4匹。
海水（人工海水）を入れ、投げこみ式フィルターをつける。

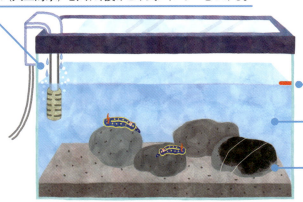

えさ
磯の岩にくっついているクロイソカイメンなどを食べる。

水位のマーク

なるべくすずしい場所に置く。

えさのカイメンを石にしばりつける。

かいのなかま

まめちしき　ウミウシのなかまは、毒をもつものが多く、食用には適しません。

ウミウシ・アメフラシ図鑑

アカエラミノウミウシ
4cm　ヒドロ虫類
潮間帯下部付近

コモンウミウシ
6cm　カイメン類
磯など

クロシタナシウミウシ
7cm　カイメン類
潮間帯の岩礁

キイロウミウシ
8cm　カイメン類
岩礁帯・サンゴ礁

ホウズキフシエラガイ
3cm　カイメン類など
岩礁帯

セスジミノウミウシ
3cm　ヒドロ虫類
潮間帯下部付近

イソウミウシ
3cm　潮間帯の岩の上など

アメフラシ
40cm　海そう
潮間帯付近の岩礁

リュウモンイロウミウシ
4cm　カイメン類
岩礁帯

ジャノメアメフラシ
20cm　海そう
潮間帯より深い岩場

タツナミガイ
20cm　潮間帯の岩礁

おもしろ情報
雨をふらす？

アメフラシを強めにさわると、むらさき色の液体を出します。この液体がまるで雨雲のように見えるからアメフラシという名前になったという説があるよ。

かいのなかま

くらげ

春から初夏にかけて、港でプカプカ浮いているすがたをよく見かけます。ミズクラゲは毒をもっていますが、さされてもほとんどいたくありません。

ミズクラゲ
- 15〜30cm（直径）
- 小さな生きもの
- 沿岸

とくちょう

海でプカプカ

ミズクラゲには丸いもようが4つあり、「四つ目くらげ」ともよばれます。海にただよってくらします。

体がすけすけ！

オレンジ色のえさを食べた後。体がすけているので、食べたえさが見えます。

おもしろ情報

子どもは泳げない

ポリプとよばれるクラゲの子どもは、イソギンチャクのような形をしていて、岩にくっついています。何度か変身した後に泳ぎだし、最後にクラゲの形になります。

かいかた

えさ
ブラインシュリンプ。121ページを見よう。

ポイント
- クラゲは泳ぐ力が弱いので、吸いこまれないように底面式フィルターを使う。
- 水流がないとクラゲが底にしずんだままになるからフィルターの水流で水を回す。

- ふき出し口をなるべく水面近くにして、泡が水中にただよわないようにする。
- 水位のマーク。
- 45cm水そうに1〜3匹くらい。海水（人工海水）を入れる。
- 砂利を2〜3cmしく。

- 1〜3cmのクラゲならコップでかえる。
- 3日に1回水を全部かえる。
- エアーポンプ。コックで調整して弱めに水を回す。

くらげ・いそぎんちゃくのなかま

いそぎんちゃく

緑色の体にピンク色のヒラヒラした触手をもったミドリイソギンチャク。磯の岩の表面にくっついていて、触手で魚などをつかまえて食べます。

ミドリイソギンチャク
- 5cm（直径）
- 魚など
- 磯など

とくちょう

大きいものも食べられる！

パクッ

流れついた死んだ魚を触手でからめとり、丸ごと食べてしまいました。

触手が出たり入ったり！

引き潮で水がなくなってもだいじょうぶ。触手を引っこめ、また潮が満ちてくるのを待ちます。

おもしろ情報
イソギンチャクの水でっぽう

引き潮のときに陸上に出ているイソギンチャクを、そっと指で押してみよう。水でっぽうのようにピュッと水がふき出すよ。

かいかた

岩のせまいところにくっついていて、つかまえるのがむずかしいときは、ハンマーで岩をくだいて岩ごととろう。

水位のマーク

砂利を2〜3cmしく。

えさ

魚などといっしょにかうときは、イソギンチャクにえさをあたえなくてよい。ピンセットで乾燥エビなどを近づけると触手でつかまえて飲みこむ。乾燥エビは1週間に1匹くらいで十分。

40cm水そうに2〜3匹。海水（人工海水）を入れ、外がけ式フィルターを使う。

水流ではこばれてくるえさを食べる。

くらげ・いそぎんちゃくのなかま

まめちしき じっとしているように見えるイソギンチャクですが、水そうの中では好みの場所をさがして移動することがあります。

イソギンチャク・クラゲ図鑑

イソギンチャクとクラゲは同じなかまの生きものです。イソギンチャクは潮が引いた磯の岩場で、クラゲは満潮のときの港でさがしてみよう。

くらげ・いそぎんちゃくのなかま

ヨロイイソギンチャク
- 3cm（直径）
- 小魚など
- 磯など

ウメボシイソギンチャク
- 2〜3cm（直径）
- 小魚など
- 磯など

ベリルイソギンチャク
- 4cm（直径）
- 小魚など
- 磯など

ミナミウメボシイソギンチャク
- 2〜3cm（直径）
- 小魚など
- 磯など

タテジマイソギンチャク
- 2〜3cm（体高）
- 小魚など
- 磯など

クラゲのなかまは、「触手」に、毒針が入った刺胞をもちます。毒の強さは種類によってちがいますが、さわらないように注意すること。

サカサクラゲ ⚠
- 3cm（直径）
- 小さな生きもの
- 沿岸

ハナガサクラゲ ⚠
- 5〜10cm（直径）
- 小魚など
- 沿岸

おもしろ情報
池にすむクラゲ!?

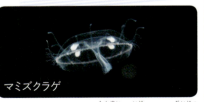

マミズクラゲ

クラゲが、ごくたまに淡水の池などで大発生することがあります。この真水にすむマミズクラゲのことは、まだよくわかっていません。

タコクラゲ ⚠
- 10〜20cm（直径）
- 共生藻から栄養をもらう
- あたたかい海

アンドンクラゲ ⚠
- 3cm（傘の高さ）
- 小魚など
- 沿岸

くらげ・いそぎんちゃくのなかま

まめちしき 海辺に打ち上げられたクラゲも危険なので、絶対に近づいたり、さわったりしないようにしよう！

ひとで

イトマキヒトデは、潮だまりでよく見られる生きものです。ふつうは5本のうでをもっていて、いろいろな色やもようのものがいます。

イトマキヒトデ
- 7cm（輻長）
- 生きもの死がい・海そうなど
- 岩礁など

とくちょう　どうやってえものをつかまえるの？

ウニに近づいて…

うでのうらにある毛のようなたくさんのあしで、すべるようにしてえものに近づきます。

パクッ

ウニを食べるイトマキヒトデ。

えものをつかまえたら、体のうらにある胃を体の外に出して、つつむようにして食べるよ。

おもしろ情報
6本うでのヒトデ！

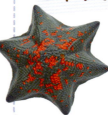

イトマキヒトデのうでは、ふつう5本ですが、たまに6本や4本のものが見つかります。さがしてみよう。

かいかた

ケンカをすることもなく、じょうぶでかいやすい生きものです。

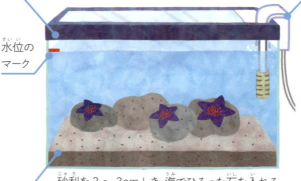

40cm 水そうに2～3匹。
海水（人工海水）を入れる。
外がけ式フィルター
水位のマーク
砂利を2～3cmしき、海でひろった石を入れる。

えさ
お店で売っている海水魚のえさ。

かんさつしよう

1

2

3

4

ひっくり返っても、じょうずに起き上がれるよ。

ひとで・うにのなかま

水族館へ行こう！

葛西臨海水族園

世界の海にくらす生きものたちと会うことができる水族館です。解説スタッフといっしょに園内をめぐりながら、生きものたちの魅力あふれる世界を聞くガイドツアーや、楽しいイベントが開催されています。

お家でかうことのできない、海のすごい生きものに会えるよ！

メガネモチノウオ（ナポレオンフィッシュ）
インド洋、太平洋の熱帯、亜熱帯海域の岩礁やサンゴ礁域にくらす、全長1.5mにもなる大きな魚。

目がよこについている！

◀アカシュモクザメ
世界中のあたたかい海にくらすサメ。頭の形がカナヅチににている。

▼ギチベラとホンソメワケベラ
ホンソメワケベラ（右）がギチベラ（左）の体についた寄生虫や、いたんだところなど食べて、クリーニングしているよ。

3さいで60キロもある！

クロマグロ
太平洋の外洋にくらすマグロのなかま。寿司のネタにもなる日本人にもっともなじみのある魚のひとつ。

きもちがイイな～

ウィーディー・シードラゴン
西オーストラリアの南部などにくらす、ヨウジウオのなかま。海そうににているので、敵に見つかりにくいね。

海そうにそっくり！

小笠原諸島の海にくらす魚たち

フンボルトペンギン
南アメリカのペルーやチリなどのあたたかい海にくらすペンギン。陸ではヨチヨチ歩きですが、水中ではすいすい、いきおいよく泳ぎます。

水の中を飛んでいる！

小笠原や伊豆七島、東京湾にくらす魚たちを紹介する水そうもあります。

海の生きものを間近にかんさつしたり、さわったりもできちゃう！

ふだん目にすることの少ない海の生きものを、間近にかんさつすることができます。なかには、さわることのできる生きものもいるので、海の生きものを身近に感じることができます。サメのはだって、どんな感触なのかな!?

サメやエイにタッチ！

アカエイ　**ネコザメ**

深海でくらす生きものもいるよ！

深い海にも生きものはくらしています。ダイオウグソクムシなど有名なものもいますが、みんなふしぎな形をしています。何の生きもののなかまか、わかるかな？

オレンジシーペン

ダイオウグソクムシ

東京都 葛西臨海水族園

東京都江戸川区
臨海町 6-2-3
tel.03-3869-5152

葛西臨海水族園でまず目を引くのは、地上30.7メートルの大きなガラスドーム。この下では、2200トンのドーナツ型の大水槽で群泳するクロマグロや、国内最大級のペンギン展示場で泳ぎ回るペンギンのすがたなど、600種をこえる世界中の海の生きものたちを見ることができます。

とかげ

ニホンカナヘビ
- 15〜27cm（全長）
- こん虫・クモなど
- 平地・低山地

ニホンカナヘビは、畑のまわりや草むらでよく見られるトカゲで、体よりも長いしっぽをもっています。すばしっこくて、すぐに草や石のすき間などに逃げこんでしまうので、なかなかつかまりません。

とくちょう

日なたぼっこ大好き！

日なたぼっこで体をあたためるよ。また、紫外線をあびることで骨やうろこの成長に必要な栄養をつくります。

びっくり情報

しっぽが切れてもだいじょうぶ！

トカゲやヤモリのなかまは、敵におそわれると自分でしっぽを切りはなします。これを「自切」といいます。切れたしっぽはしばらくのあいだはげしく動くので、敵がしっぽに気をとられているすきに逃げるのです。しっぽは何度切れても生えてきます。

くらし

草むらを動き回り、こん虫などをつかまえて食べます。メスは春から夏にかけて穴をほって、1回に2〜6個の卵を産みます。2か月ほどで卵はふ化し、脱皮をくり返して大きくなります。冬は石などの下で冬眠します。

石の下で冬眠していたニホンカナヘビ。

地面の物かげや、すき間に卵を産む。

卵からかえったよ。

脱皮をくり返しながら大きくなります。

とかげ・やもり・へびのなかま

まめちしき　冬になったらカナヘビがいた公園に行って、落ちている木の板などをひっくり返してみよう。カナヘビが越冬していることがあるよ。

かいかた

トカゲのなかまは活動的なので、ケースは体の大きさの2倍以上を目安にしよう。

えさ

ワラジムシやミルワーム、コオロギなどの生きたえさ。121ページを見よう。

- 逃げないようにかならずふたをする。日光浴用のバスキングライトで30〜35度の日なたぼっこをする場所をつくる。
- 石やえだ、ポトスなどの観葉植物を入れて、かくれ家をつくる。
- 食べても消化できる赤玉土などを2cmほどしく。
- 浅い容器に飲み水を入れる。

ポイント

- トカゲは、じめじめしたところが苦手なので、通気性をよくする。
- 暑さで死なないように、長時間日光が当たる場所には置かない。
- 骨やうろこの成長に、紫外線が必要。紫外線はガラスやプラスチックを通過しにくいので、かならず週に1〜2回、野外にケースを置いて、1時間ほどふたから日光を入れる。は虫類用の紫外線ライトを室内で使ってもよい。

卵を産んだら

- 卵を赤玉土を入れたとう明なタッパーに移動させる。そのとき卵の上下を変えないように注意。上下をひっくり返すと卵が死んでしまいます。
- タッパーのふたをしめ、温度変化の少ない場所に置き、適度な湿度を保つ。卵は水分を吸って成長するため、こまめに赤玉土のしめり気をチェックすること。
- カビが生えた卵や、大きさが変わらない卵はふ化しないので取りのぞく。
- 卵は1か月ほどでふ化する。子どもは飼育ケースに移動して、親と同じように飼育しよう。

かんさつしよう

まぶたは下から上にとじる

まぶたの動きは人間とは逆で、下まぶたが上がって目を閉じるよ。また、まぶたと目の間に「瞬膜」という半とう明の膜があり、この膜を出し入れして、目を傷や乾燥から守ります。

とかげ・やもり・へびのなかま

まめちしき 一度切れて生えてきた尾は、二股になることがあります。つかまえたら見てみよう。

やもり

日中のほとんどを、暗くてせまいところにかくれているヤモリ。夜になると、まるで忍者のように、かべや天井を自由に歩き回ります。神社やお寺、人家などの建物でくらしています。

ニホンヤモリ
- 10〜14cm（全長）
- こん虫・クモなど
- 平地・低山地

とくちょう

平たい体！

平たい体は、せまいかべのすき間などにかくれるのに便利。

こん虫を待ちぶせ！

外灯に集まるガなどのこん虫を待ちぶせてパクリ！

かべや天井を歩く！

これが指のうら！

指のうらにはひだがあって、吸ばんのようになるよ。どこでもすいすい歩けるのはこの指のおかげ。

かいかた

トカゲのなかまのヤモリは、生きたえさを食べます。ケースにはりついたときに、あしのうらをかんさつしてみよう。

えさ
ミルワーム、コオロギなどの生きたえさ。121ページを見よう。

60cmのケースにオスメス1匹ずつ。通気性のよいふたをし、暗くて温度変化の少ない場所に置く。

水を直接飲まないので、かべに霧ふきをして水てきをなめさせる。

新聞紙をしき、湿度を保つために水を入れた容器を置く。植木ばちなどでかくれ家をつくる。

かんさつしよう

卵も忍者みたい！

ヤモリのメスは1cmくらいの卵を、1度に2個ずつ産みます。卵は建物のかべなどにピタッとくっつくよ。これなら敵に食べられにくいね。

まめちしき 害虫を食べて家を守ってくれるから、「家守」と書いて、ヤモリとよばれるようになりました。古い時代に日本に持ちこまれた外来生物の可能性があります。

へび

木のぼりがとくいなアオダイショウは、毒をもたないヘビです。子どものときは、田んぼでカエルやトカゲをつかまえて食べ、おとなになると木の上で小鳥や巣の中の卵などを食べます。

アオダイショウ
- 110〜200cm（全長）
- ネズミ・小鳥や卵・カエルなど
- 平地・山地

とくちょう

木のぼりじょうず

体をじょうずに使って、ぐんぐん木にのぼるよ。

ヘビの落としもの

ヘビそっくりな落としものの正体はヘビが脱いだ古いうろこです。ヘビのなかまは、頭からきれいに脱皮するよ。

びっくり情報
白いアオダイショウ

山口県岩国市では白いアオダイショウが多く出ます。国の天然記念物に指定されていて、神様として大切にされているよ。

かいかた

ヘビが安心できるかくれ家をつくることがとても大切です。かくれ家は割れた植木ばちがおすすめ。

えさ

頭よりも少し大きいネズミを丸ごとあたえる。目安として、50cmのヘビで3〜5日に1匹。

60cmの水そう。少しのすき間からでも逃げるので、ふたをしっかり閉め、おもしをのせる。

とぐろを巻いたときに体にふれるくらいのかくれ家を入れる。表面がザラザラしたものにすると、脱皮の助けになる。

かんさつしよう
ヘビのしっぽはどこ？

うろこの大きさやならび方が変わる部分があります。そこからがしっぽです。ふんをする総排泄口（矢印）から後ろになります。

まめちしき ヘビは、らんぼうにあつかうと、においを出すことがあります。アーモンドのにおいににているともいわれます。

とかげ・やもり・へびのなかま

トカゲ・ヤモリ・ヘビ図鑑

カメ以外の、は虫類のなかまを紹介します。有毒のものや、危険な種類がいるので、見つけたときには注意しましょう。

おとな

ニホントカゲ
- 20〜25cm（全長）
- こん虫・クモなど
- 平地〜山地の草地や石垣など

オキナワキノボリトカゲ（キノボリトカゲ）
- 11〜21cm（全長）
- こん虫など
- おもに木の上

ヒガシニホントカゲ
- 15〜27cm（全長）
- こん虫・クモなど
- 平地〜山地の草地や石垣など

子ども

ミナミヤモリ
- 10〜13cm（全長）
- こん虫など
- 開けた林や石垣など

ホオグロヤモリ
- 9〜13cm（全長）
- こん虫など
- 人家の付近

舌で目のおそうじ。

タワヤモリ
- 10〜14cm（全長）
- こん虫など
- 山地や海岸の岩場・民家など

とかげ・やもり・へびのなかま

まめちしき ニホントカゲとヒガシニホントカゲは、おとなも子どももそっくり。それまでは同種とされていましたが、2012年に別の種類になりました。

シロマダラ
- 30～70cm（全長）
- カエル・トカゲなど
- 山地のけい流のまわり・水辺の草地

ヒバカリ
- 40～60cm（全長）
- ミミズ・カエル・魚など
- 水辺に多い

タカチホヘビ
- 30～60cm（全長）
- ミミズなど
- 森林とそのまわりなど

アマミタカチホヘビ
- 20～55cm（全長）
- ミミズなど
- 森林や水辺の草地など

まめちしき タカチホヘビの体は、光のかげんで虹色に見えるよ。

シマヘビ
- 80～150cm（全長）
- さまざまな脊椎動物
- さまざまな環境

ジムグリ
- 70～100cm（全長）
- 小型ほ乳類など
- 森林や畑など

ヤマカガシ
- 70～150cm（全長）
- おもにカエル
- 平野部から山地

⚠️ 毒牙にかまれると大変危険。首の後ろにも毒腺がある。

ニホンマムシ
- 40～65cm（全長）
- ネズミ・カエルなど
- 森林やそのまわりの田畑

⚠️ 毒牙にかまれると大変危険。

とかげ・やもり・へびのなかま

かたつむり

北海道から九州にかけて、マイマイ属とよばれるカタツムリのなかまがたくさんくらしています。多くは夜行性ですが、昼でも雨の日には、落ち葉の下や、かくれ家から出てきます。

ツクシマイマイ
- 4cm（殻径）
- 葉やコケなど
- 人家のまわり〜山中

とくちょう

夏はお休み

夏、かんそうすると、からの入り口に膜をはって閉じこもります。1か月くらい何も食べなくても平気だよ。

冬もお休み

冬も、膜をはってからに閉じこもり、落ち葉の下などで冬越しするよ。

おもしろ情報

目 / 恋矢

交尾のときに「恋矢（ラブダート）」とよばれるヤリを出して、相手に何度もつきさします。恋矢の表面には精子を強くする物質がついています。

あれもこれも好物！

落ち葉や、そう類など、いろいろなものを食べる。

ガードレールの表面についた、そう類などを、けずり取るように食べるよ。

かべもむしゃむしゃ。コンクリートにふくまれるカルシウムは、からの材料になるよ。

ふんをおりたたむ!?

ふん（矢印）は、きれいにおりたたみながらするよ。

かたつむりのなかま

くらし

カタツムリは、雌雄同体といって、1匹の体の中にオスの部分もメスの部分もある生きものです。2匹が出会うと、一方がオス、もうかたほうがメスの役わりをして卵を産みます。

① 雨がふりつづけるころ、恋矢を相手にさして交尾する。

② 土の中に卵を産む。

③ ふ化するまで1か月くらい。

④ 赤ちゃんにも、からがあるよ。

びっくり情報
歯舌でジャリジャリ

カタツムリは、からについた自分の粘液を食べることがあるよ。きみの指に粘液をつけて、少しかわかした後、カタツムリに食べさせてみよう。うまくいけば、歯舌でジャリジャリ指をかじられるよ。

口の中の歯舌でえさの表面をけずりとるように食べる。

かいかた

マイマイ属のカタツムリは、じょうぶでかいやすい生きものです。かんそうに弱いので、赤玉土が水にぬれて黒っぽくなるくらいしめらせましょう。

こん虫用のケースに3〜4匹。暑いと死んでしまうことがあるのでケースをすずしい場所に置く。

かくれるのが好きなので、落ち葉や木を入れて、物かげをつくる。

赤玉土が水でビチャビチャしているのはしめりすぎ。ふんが目立つようになったら、赤玉土を洗う。

えさ
キュウリ、ニンジン、シメジなど。

ポイント
子どもをかうときは、ふたのすき間から外に出てしまうので、なるべく目が細かいふたをする。

まめちしき ナメクジはからが退化したカタツムリです。体の中に小さなからがあるナメクジがいます。

かたつむりのなかま

だんごむし

オカダンゴムシは外国からきた生きものです。庭や公園などにすんでいて、さわるとくるりと丸まります。落ち葉や石、植木ばちの下にかくれているので、さがしてみましょう。

オカダンゴムシ
- 1.4cm
- 落ち葉や果実など
- 人家のまわりなど。ヨーロッパ原産の外来生物。

とくちょう

落ち葉をむしゃむしゃ

かれ葉が大好き。かたいあごでむしゃむしゃ食べるよ。

みんな丸まる

ダンゴムシは、小さい子どもでも、じょうずに丸まるよ。丸まってアリなどの敵から身を守っているよ。

おもしろ情報

オカダンゴムシの赤ちゃん

赤ちゃんだって丸まる！

初夏にメスのダンゴムシを見つけたら、おなかを見てみよう。黄色い卵をかかえているものがたくさん見つかります。卵は数日でふ化して、白くてかわいい赤ちゃんが生まれます。

ダンゴムシ図鑑

森や山でしか見られない種類もいます。山などにでかけたときに岩をひっくり返してさがしてみよう。

ワラジムシ
- 1.2cm
- 落ち葉やくち木など
- 人家のまわりなど。ヨーロッパ原産の外来生物。

コシビロダンゴムシのなかま
- 0.75cm
- 落ち葉や果実など
- 山地の自然豊かな場所など

だんごむしのなかま

まめちしき 海岸には、オカダンゴムシよりも大きなハマダンゴムシ（8ページ）がすんでいます。

かいかた

ダンゴムシは、しめっぽい場所を好みます。見つけた場所をよくかんさつして、ケースの中に似た環境をつくりましょう。

えさ
何でも食べる。落ち葉や野菜、固形のドッグフード、キンギョのえさ。

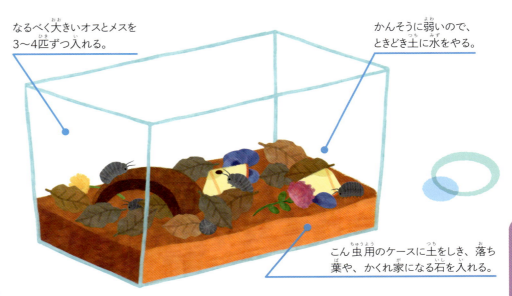

なるべく大きいオスとメスを3〜4匹ずつ入れる。

かんそうに弱いので、ときどき土に水をやる。

こん虫用のケースに土をしき、落ち葉や、かくれ家になる石を入れる。

かんさつしよう

どっちの葉っぱが好き？

ぬれた落ち葉と、かわいた落ち葉をあたえたら、ぬれた落ち葉のほうを食べました。ダンゴムシは、ぬれてやわらかくなったものが好きだよ。落ち葉をあたえるときは、しばらく水につけてからあたえよう。

ぬれた落ち葉　かわいた落ち葉

四角いダンゴムシのふん。

ホソワラジムシ
- 1.3cm
- 腐敗物など
- 人家のまわりなど。ヨーロッパ原産の外来生物。

サトワラジムシのなかま
- 1cm
- 落ち葉など
- 畑や林のまわりなど

びっくり情報

青いダンゴムシがいる！？

青いダンゴムシはウイルスに感染したものです。青くなったダンゴムシはあまりかくれようとしなくなり、鳥に食べられやすくなります。その結果、ウイルスは鳥によって遠くにはこばれるのではないかという説があります。

だんごむしのなかま

えさになる生きもの

生きたえさしか食べない生きものには「生餌」をあたえましょう。また、つかまえたばかりの生きものは乾燥飼料をなかなか食べないことがあります。そのときは生餌をあたえながら乾燥飼料になれさせます。乾燥飼料だけでかえる生きものでも、生餌をあたえるととてもよろこぶので、ときどきあたえましょう。生餌はペットショップでも手に入りますが、生きものの近くにいるのでつかまえることもできます。

フトスジミミズ

📏 10cm　🟢 腐葉土など
🔍 しめった場所

体にリングもようがあるフトミミズ。丸いミミズのふんを見つけたら、そのまわりの土の中をさがしてみましょう。庭や公園の植木ばちの下にもいますが、冬になると見られなくなります。おとなのサンショウウオやカエルなどが食べます。

リング
土みたいな丸いふん

ボウフラ／オニボウフラ

📏 0.5〜0.8cm
🔍 水たまりなど

ボウフラはカの幼虫やさなぎです。フナやメダカのえさになります。ただし、成虫になると人をさすので、魚が食べきれる量をあたえましょう。

水面にいるボウフラ
オニボウフラ
羽化して成虫になった。

イトミミズ

📏 6〜10cm　🔍 池・沼・水のある側溝のどろの中など

魚がよく食べる、糸のように細いイトミミズです。あまりきれいではない水中のどろの中で、群れで見つかります。お店では「イトメ」という名前で売られていることがあります。

水中で群れているイトミミズ

アカムシ（赤虫）

📏 1cm
🔍 水たまりのどろの中など

ユスリカの幼虫です。外に水を入れたバケツを置いておくと、いつの間にかアカムシが発生します。カとはちがう生きものなので、成虫になっても血は吸いません。冷凍されたアカムシも売られています。

幼虫
成虫

まめちしき　生餌は、乾燥飼料とちがって、水そう内に残ってもくさって水をよごさないので、とてもいいえさです。

ミルワーム

📏 1.5〜2cm
（ジャイアントミルワームは4cm）

ゴミムシダマシの幼虫です。トカゲやカエルが食べます。冷蔵庫でひやしておかなければ、すぐに成虫になってしまいます。冷蔵庫に入れるときはかならずおうちの人にことわること。

イサザアミ

📏 1cm 🔍 海辺・河口など

エビのような形をした、数ミリほどの生きものです。タツノオトシゴなどの小型の肉食魚のえさになります。海水魚を売っているお店で手に入ります。日本の海辺や河口でつかまえられます。

フタホシコオロギ

📏 2.5cm 🟢 雑食

おとな

子ども

カエルやトカゲのえさになります。ペットショップでいろいろな大きさのものが売られています。

ブラインシュリンプ（アルテミア）

📏 1.5cm 🔍 塩湖

エビのような形の小さい生きものです。お店で売っている卵を買ってきたら、海水でふ化させて魚の子どもやクラゲなどにあたえます。淡水の生きものには目の細かい茶こしなどで塩水を洗ってからあたえましょう。ブラインシュリンプはしいくも楽しめる生きものです。

サシ

📏 1cm 🟢 腐敗した死肉など

▼キンバエの成虫

▲幼虫

キンバエの幼虫で、釣り用のえさとして売られています。幼虫はカエルやサンショウウオのえさに、成虫はカエルのえさになります。

ミジンコのなかま

📏 0.2cm前後 🔍 田んぼ・池・沼など

池や田んぼなどで群れている小さい生きものです。淡水魚の子どものえさになります。田んぼなどでつかまえられないときは、かわりにブラインシュリンプをあたえましょう。ミジンコはしいくも楽しめる生きものです。

えさになる生きもの

まめちしき ブラインシュリンプは「おばけえび」という名前で飼育キットが販売されています。

しいく道具をじゅんびしよう

水の生きものをかうには、いろいろな道具が必要です。つかまえてくる前に、水そうに水や砂利を入れて、4〜5日間ろ過フィルターを動かしておくと、生きものにとってくらしやすい水になります。

水そう

できれば大きいほうが生きものにとってはいいのですが、かいやすさを考えて、この本では最低限必要な大きさを紹介しています。

エアーポンプ

水に空気を送って、水の流れをつくったり、水中の酸素をふやしたりします。投げこみ式フィルターや底面式フィルターなどにつなげて使います。

水の生きものは水の中にとけている酸素を吸って生きているよ！

ろ過フィルター

ろ過フィルターは、よごれた水をきれいにする魔法の道具です。フィルターでゴミを取りのぞいたり、フィルターにすみついたバクテリアがよごれを食べてくれたりします。泡を出して水中の酸素をふやすはたらきもあります。

水の中でふんやおしっこをしているよ。水がよごれると病気になってしまうから、ろ過フィルターはとても大切！

●投げこみ式フィルター
水そうの中に入れて使う。
〇使い方がかんたん
×水そうの中がせまくなる

●底面式フィルター
水そうの底に置いて、上に砂利をしいて使う。
〇水そうの中が広くなる
×手入れに手間がかかる

●外がけ式フィルター
水そうに引っかけて使う。
〇水そうの中が広くなる
×ふたをしてもすき間ができるので、逃げ出す生きものには使えない。

＊おうちの方へ……このほかに、もっと本格的な上部式や外部式などがあります。

そう用ライト

水草を育てるためには光が必要です。水草を入れるときはライトをつけましょう。また、ライトをつけると中の生きものがきれいに見えます。ライトが水てきで故障しないように、水そうにふたをして使います。

ヒーター

水をあたためるヒーターです。寒さに弱い生きものをかうときに使います。ヒーターは火事の原因になることがあるので、お店の人に使い方をしっかり聞いておこう。

水温計

あたたかいところや寒いところの生きものをかうときは、ヒーターやクーラーを使います。正しい温度になっているか水温計で確認しよう。また、ほとんどの生きものは、水温が30度をこえると弱ります。水温が高くなったら、すずしい場所へ移動させましょう。

えさ

キンギョ、メダカ、カメなど専用のえさがお店で買えます。また、冷凍アカムシや冷凍ブラインシュリンプなど、生きものを冷凍したものや、生きたコオロギなども売られています。

冷凍アカムシ

メダカのえさ

人工海水

海の生きものをかうためには海水が必要です。海水をくめない場合は、人工海水を使います。

砂利

お店で買った砂利は、よく洗ってから使いましょう。または、生きものをつかまえた場所の砂利をしきましょう。

そうじしてくれる生きもの

イシマキガイやヤマトヌマエビなどを水そうに入れておくと、石や水そうに生えるコケを食べてくれます。淡水の魚などといっしょにかうと、しいくを楽しむこともでき、そうじの手間がはぶけて便利です。

イシマキガイ

ヤマトヌマエビ

水草・かくれ家

穴やすき間、水草にかくれるのが好きな生きものがいます。つくりものの水草でも生きものを落ちつかせることができます。

つくりものの水草

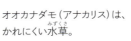
オオカナダモ（アナカリス）は、かれにくい水草。

かくれ家

しいく道具をじゅんびしよう

じょうずにかうために

水辺の生きものをかうときに大切なのは、水質、水温、えさです。水がよごれていないか、水温が高くないか、低くないか、えさが合っているかをチェックしましょう。

一日置いた水を使う

水道水の塩素（カルキ）は、小さな生きものには有害です。バケツにくんで、一日置いた水を使いましょう。お店に売っている「カルキぬき」も使えます。

水合わせをする

生きものを持ち帰ったときの水と水そうの水の温度がちがうと、急な温度変化で死んでしまうことがあります。水そうに入れる前に、水に手を入れてみて、同じくらいの温度か確認しよう。

えさをあげすぎない

食べ残したえさは水のよごれの原因になります。えさを食べてくれるとうれしいので、ついあげすぎてしまいますが、えさは1日1回、5分間くらいで食べきれる量にしましょう。寒くなると食べる量がへります。

バクテリアを大切に

ろ過フィルターの中には、よごれを食べてくれる目に見えない生きもの（バクテリア）がすみつきます。フィルターを洗うときは、バクテリアをころさないように水そうの水で軽くすすぎましょう。お湯や水道水で洗わないこと。また、水そうにしいた砂利の中にもバクテリアがいるので、洗うときは同じように注意しよう。

水をかえる

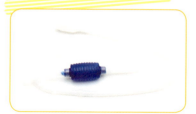

ろ過フィルターをつけていても水がよごれてくるので、1〜2週間に1回、水そう全体の1/3くらいの水をかえましょう。一度にたくさんの水をかえると急に水質が変わって生きものは弱ったり死んだりしてしまいます。水かえ用のホースがあると便利です。

守らなければならないこと

もともとそこにいなかった生きものが外に放されると、いろいろな害があります。お店で買った生きものは、絶対に外へ放してはいけません。かえなくなったら、お店にひきとってもらいましょう。自分でつかまえたものは、つかまえた場所にかえしましょう。

生きものが病気になったら

生きものは病気になっても知らせてくれません。お医者さんになったつもりで、生きもののようすを毎日しっかりかんさつしましょう。

魚がけがをしているとき

金魚のうろこがはがれていたり、ひれがさけたりしているときは、水に塩を入れると治ることがあります（塩水浴）。入れる塩の量は、水そうの幅（cm）×奥行（cm）×水深（cm）×0.005gです（20Lの水なら塩100g）。おうちの人にはかってもらって、何度かに分けて、少しずつとかしましょう。水草やエビは塩に弱いので、取り出しておきます。

魚の体に小さな虫（寄生虫）がついたとき

魚に白い点々や、もっと大きな寄生虫がついたときは、まずは塩水浴をさせてみましょう。それでも治らないときは、お店で薬を買ってきてあたえます。薬には害もあるので、お店の人とよく相談しましょう。

魚の口のまわりにできる「追星」は病気ではありません。54ページを見よう。

カメの甲らが変形したり、やわらかくなったりしたとき

カメの甲らは、栄養がしっかりあたえられ、日光浴をしたときにかたくなります。甲らがやわらかいときは、栄養が足りないか、日光浴が足りないときです。

えさを食べなくなったとき

冬になり水が冷たくなると、生きものたちはえさをあまり食べなくなります。えさの量を少なくしましょう。
寒くないのにえさを食べないときは、水がよごれて病気になりはじめている場合があります。まず、1/3くらい水をかえてみましょう。ほかに、脱皮や産卵の前にはえさを食べなくなることがあります。

●さくいん

あ

アオウミウシ	3・11・98
アオダイショウ	111
アオモリマイマイ	117
アカエイ	76・107
アカエラミノウミウシ	99
アカシマモエビ	89
アカシュモクザメ	106
アカテガニ	15
アカデメキン（品種）	65
アカハライモリ	3・4・38
アカムシ	120
あごはぜ	72
アゴハゼ	72
あさり	94
アサリ	3・9・94
アジアカブトエビ	4・22
アシナガモエビモドキ	89
アズマニシキ（品種）	65
アズマヒキガエル	28
アブラハヤ	60
アブラボテ	52
あまがえる	24
あまご	58
アマゴ	58
アマミタカチホヘビ	113
アマミヤマタカマイマイ	116
アミ	89
アミメキンセンガニ	93
アミメハギ	76
アメフラシ	11・99
アメリカカブトエビ	23
アメリカザリガニ	3・5・60
アユ	60
アルテミア	121
アルビノ（品種）	43
アワジママイマイ	116
アンドンクラゲ	103

い

イサザアミ	121
イシガイ	67
イシガニ	93
イシガレイ	77
イシダイ	76
イシダタミ	96
イシドジョウ	61
イシマキガイ	67・123
イズモマイマイ	116
イソウミウシ	99
いそがに	90
イソガニ	90
イソカニダマシ	87
いそぎんちゃく	101
イソギンポ	77
いそすじえび	88
イソスジエビ	88
イソモエビ	89
イソヨコバサミ	87
イタヤガイ	97
イトマキヒトデ	3・11・71・104
イトミミズ	120
イトモロコ	53
イボイモリ	39
いもり	38
イロアセオトメマイマイ	116
イワナ	60

う

ウィーディー・シードラゴン	106
ウグイ	60・69
ウシガエル	29
ウスカワマイマイ	7・116
うずまき	78
ウズマキ	78
ウチダザリガニ	19
ウナギ	61
ウノアシ	96
うみうし	98
ウミニナ	96
ウメボシイソギンチャク	102

え

エゾサンショウウオ	36
エゾマイマイ	117
えび	20・88

お

おいかわ	54
オイカワ	3・6・54
オウギガニ	93
オウゴン（品種）	43
オオイタサンショウウオ	37
オオウケマイマイ	117
オオクチバス	53・69
オオケマイマイ	116
オオコシダカガンガラ	97
オオサンショウウオ	68
オオタキマイマイ	117
オオタニシ	67
オオヘビガイ	97
オカダンゴムシ	7・118
おかやどかり	86
オカヤドカリ	86
オキナワウスカワマイマイ	116
オキナワキノボリトカゲ	112
オキナワヤマタカマイマイ	116
オトメマイマイ	116
オナジマイマイ	116
オニボウフラ	120
おやびっちゃ	72
オヤビッチャ	72
オレンジザリガニ（品種）	19
オレンジシーペン	107

か

かい	66・94
カイエビのなかま	23
カイミジンコ	23
かえる	24
カクレクマノミ	81・83
かごかきだい	72
カゴカキダイ	11・72
かじか	57
カジカ	57
カジカガエル	29
カスミサンショウウオ	3・5・34
カゼトゲタナゴ	52
かたつむり	114
カダヤシ	53
カナヘビ	108
かに	14・90
カネヒラ	52
かぶとえび	22
カマツカ	53
カミツキガメ	69
かめ	30
カラスガイ	67
カワゲラ	58
カワニナ	67
カワムツ	60
カワヨシノボリ	56

き

キイロウミウシ	99
キタノメダカ	43
ギチベラ	106
キヌバリ	77
キノボリトカゲ	112
ギバチ	61
キャリコリュウキン（品種）	64
キュウシュウシロマイマイ	116
キュウセン	77
きんぎょ	62
キンギョ	3
キンチャクガイ	97
キンバエ	121
キンブナ	45
ギンブナ	44
ギンユゴイ	76

く

クサガメ	32
クチベニマイマイ	116
クチボソ	50
クボガイ	96
クマノコガイ	96
くまのみ	80
クマノミ	3・80
くらげ	100
クロイワヒダリマキマイマイ	116
クロウミウマ	83
クロサンショウウオ	36
クロシタナシウミウシ	99
クロベンケイガニ	15
クロマグロ	106

け

ケアシホンヤドカリ	87
ケブカヒメヨコバサミ	87
ゲンゴロウブナ	45

こ

コイ	44・53
コウベマイマイ	116
コガタブチサンショウウオ	37
ゴクラクハゼ	61
コシビロダンゴムシのなかま	118
コシマガリモエビ	11・89
コハクオナジマイマイ	116
コソベマイマイ	11
コメツキガニ	9
コメット（品種）	6
コモンウミウシ	99
コモンフグ	7
コンジンテナガエビ	2
ゴンズイ	7

さ

サカサクラゲ	10
サカマキガイのなかま	6
サザエ	9
サシ	12
サツキマス	5
サッポロマイマイ	11
サトワラジムシのなかま	119
サラサエビ	8
ざりがに	16
さわがに	14
サワガニ	3・7・14
サンインコベソマイマイ	116
サンゴイソギンチャク	80
さんしょううお	34

し

しおまねき	92
シオマネキ	9・92
シコクオトメマイマイ	116
シマヘビ	113
シマヨシノボリ	61
ジムグリ	113
ジャノメアメフラシ	99
ジャンボタニシ	67
シュブンキン（品種）	65
シュレーゲルアオガエル	28
シリケンイモリ	39
シロ（品種）	43
シロマダラ	113

す

スガイ	96
スカシカシパン	8・105
スクミリンゴガイ	67
すじえび	20
スジエビ	6・20
スジエビモドキ	88・89
スッポン	33
スナガニ	8・93

せ

セスジミノウミウシ	99

そ

ソボサンショウウオ	37

た

ダイオウグソクムシ	107
ダイセンニシキマイマイ	116
タイリクバラタナゴ	52
タカチホヘビ	113
タカチホマイマイ	116
タガメ	69
タケノコガイのなかま	97
タコクラゲ	103
タツナミガイ	99
たつのおとしご	75
タツノオトシゴ	11・75

タテジマイソギンチャク	102
タテジマキンチャクダイ	78
たなご	48
たにし	66
タマミジンコ	23
タモロコ	53
ダルマ（品種）	43
タワヤモリ	112
だんごむし	118
タンチョウ（品種）	65

ち
チゴガニ	93
チョウチョウウオ	82
チョウテンガン（品種）	64
チリメンカワニナ	67
ちんあなご	74
チンアナゴ	74

つ
ツクシマイマイ	114
ツチガエル	29
ツチフキ	53
ツノダシ	82
ツメタガイ	97

て
テツギョ	45
テナガエビ	21
でばすずめだい	78
デバスズメダイ	78
デメ（品種）	43
デメキン（品種）	65

と
トウキョウオオベソマイマイ	117
トウキョウサンショウウオ	36
トウキョウダルマガエル	28
とかげ	108
トゲモミジガイ	105
トコブシ	97
どじょう	46
ドジョウ	5・46
トノサマガエル	28
トマヤガイ	96
トラマイマイ	117
ドロメ	71・77
ドンコ	61

な
ナキオカヤドカリ	87
ナチマイマイ	116
なべか	72
ナベカ	72
ナポレオンフィッシュ	106
なまず	51
ナマズ	51
ナンブマイマイ	117
ナンヨウハギ	82

に
ニシキテグリ	82
ニッポンバラタナゴ	6・48
ニッポンマイマイ	116
ニホンアカガエル	29
ニホンアマガエル	3・4・24
ニホンイシガメ	3・6・30・68

ニホンウナギ	61
ニホンカナヘビ	3・108
ニホンクモヒトデ	71・105
ニホンザリガニ	19
ニホンスッポン	33
ニホントカゲ	112
ニホンヒキガエル	28
ニホンマムシ	12・113
ニホンヤモリ	3・110

ぬ
ヌカエビ	21
ヌマエビ	21
ヌマガイ	67
ヌマガエル	29
ヌマチチブ	53
ヌマムツ	60

ね
ネコザメ	107
ネズミゴチ	76

の
ノトマイマイ	117

は
ハクセンシオマネキ	93
ハオコゼ	77
ハコネサンショウウオ	37
ハコネマイマイ	117
はたたてはぜ	78
ハタタテハゼ	78
ハナガサクラゲ	103
ハナミノカサゴ	83
バフンウニ	71・105
ハマクマノミ	81・83
ハマダンゴムシ	8
ハヤ	60
ハリセンボン	83

ひ
ヒイラギ	77
ヒガシシマドジョウ	61
ヒガシニホントカゲ	112
ヒキガエル	5
ヒダサンショウウオ	36
ヒタチマイマイ	117
ヒダリマキマイマイ	116
ひとで	104
ヒバカリ	113
ヒブナ	45
ヒメダカ（品種）	43
ヒメタニシ	67
ヒメマイマイ	117
ヒライソガニ	93
ヒラメ	8
ピンポンパール（品種）	64

ふ
フタホシコオロギ	121
ブチサンショウウオ	37
ブドウマイマイ	117
フトスジミミズ	120
フトミゾエビ	89
ふな	44
フナムシ	11
ブラインシュリンプ	121

ブラックバス	53
ブラックパンダ（品種）	43
ブルーギル	69
ブルーザリガニ（品種）	19
フンボルトペンギン	107

へ
ヘイケガニ	93
ベッコウガサ	96
ベニガイ	97
へび	111
ヘラブナ	45
ベリルイソギンチャク	102

ほ
ホウズキフシエラガイ	99
ホウネンエビ	23
ボウフラ	120
ホオグロヤモリ	112
ホソウラジムシ	119
ほとけどじょう	47
ホトケドジョウ	47
ボラ	77
ホンソメワケベラ	82・106
ホンブレイキマイマイ	117
ホンベラ	77
ホンヤドカリ	3・71・84

ま
マガキガイ	79
マクラガイ	97
マシジミ	67
マツイヒレナガ（品種）	43
マツバガイ	11・96
マテガイ	96
マハゼ	77
マヒトデ	105
マブナ	44
マミズクラゲ	103
マムシ	12
マメコブシガニ	9・93
マルタニシ	3・66

み
ミカワマイマイ	117
ミシシッピアカミミガメ	32・69
ミジンコのなかま	121
ミズグモ	69
ミズクラゲ	3・100
ミスジマイマイ	117
ミドリイソギンチャク	3・11・71・101
ミドリガメ	32
ミナミウメボシイソギンチャク	102
ミナミヌマエビ	21
ミナミメダカ	4・40・43
ミナミヤモリ	112
ミミズ	120
ミヤコタナゴ	68
ミユキ（品種）	43
ミルワーム	121

む
ムサシトミヨ	68
ムラサキウニ	71・105
ムラサキオカヤドカリ	87

め

メガネモチノウオ	106
メジナ	76
めだか	40
メダカラ	96

も
モクズガニ	15
モノアラガイ	67
もつご	50
モツゴ	50
モリアオガエル	28

や
ヤエヤマイシガメ	33
ヤエヤマセマルハコガメ	33
ヤシガニ	87
ヤツデヒトデ	105
やどかり	84
ヤマアカガエル	29
ヤマカガシ	113
ヤマガマイマイ	116
ヤマタカマイマイ	116
ヤマトイワナ	60
ヤマトオサガニ	9・93
ヤマトシマドジョウ	61
ヤマトヌマエビ	21・123
ヤマベ	54
やまめ	58
ヤマメ	7・58
やもり	110
ヤリタナゴ	52
ヤンバルマイマイ	116

ゆ
ユスリカ	120
ユビナガホンヤドカリ	87

よ
ヨウキヒ（品種）	43
よしのぼり	56
ヨロイイソギンチャク	102

ら
ランチュウ（品種）	65

り
リーブスクサガメ	32
リュウキン	62
リュウモンイロウミウシ	99

る
ルリスズメダイ	82

わ
ワキン（品種）	64
ワラジムシ	118

はじめての ちいさな いきものの
しいくと かんさつ

2018年 6月19日　第1刷発行
2023年 6月 5日　第3刷発行

写真・文 … 武田晋一
　　　文 … 阿部浩志（ruderal inc.）
イラスト … 今井久恵・中井亜佐子
装丁・本文デザイン … 有泉武己

発 行 人 … 土屋徹
編 集 人 … 代田雪絵
編集担当 … 西脇秀樹
発 行 所 … 株式会社Gakken
　　　　　〒141-8416　東京都品川区西五反田2-11-8
印 刷 所 … 大日本印刷株式会社

●この本に関する各種お問い合わせ先
◎本の内容については、下記サイトのお問い合わせフォームよりお願いします。
　https://www.corp-gakken.co.jp/contact/
◎在庫については…Tel.03-6431-1197（販売部）
◎不良品については…Tel.0570-000577
　学研業務センター　〒354-0045　埼玉県入間郡三芳町上富279-1
上記以外のお問い合わせは　Tel.0570-056-710（学研グループ総合案内）

©Gakken　Printed in Japan
本書の無断転載、複製、複写（コピー）、翻訳を禁じます。
本書を代行業者等の第三者に依頼してスキャンやデジタル化することは、
たとえ個人や家庭内の利用であっても、著作権法上、認められておりません。

学研グループの書籍・雑誌についての新刊情報・詳細情報は、下記をご覧ください。
学研出版サイト　https://hon.gakken.jp/

NDC480　128P　21×20cm

武田　晋一［たけだ しんいち］

1968年福岡県生まれ。小学校4年生の時に体験したヤマメ釣りをきっかけに、プロのヤマメ釣り師を目指すが、そのような職業がないとわかり、生き物の研究者へ進路を変更する。ところが、研究結果を記録するために始めた写真に関心を持ち、生き物のカメラマンになる。山口大学理学部生物学科卒業。大学院修士課程を修了後フリーの写真家としてスタートし、主に水辺の生き物にカメラを向ける。有名な風光明媚な場所に出かけるより、身近な自然を伝えることにこだわる。
http://www.takeda-shinichi.com/

阿部　浩志［あべ こうし］

1974年東京都生まれ。自然科学系の図鑑や絵本などの編集・執筆を行う傍ら、ナチュラリストとして自然観察会のインストラクターや、自然生物関係の専門学校で講師を勤める。主な著書に『おでかけ すいぞくかん』（学研プラス）、『しぜん しおだまり』（フレーベル館）、『外来生物はなぜこわい？ 全3巻』（ミネルヴァ書房）、監修した『小学館の図鑑NEO 新版 動物』『小学館の図鑑NEO 新版 鳥』『小学館の図鑑NEO 危険生物』付録DVD、『田んぼの一年』（小学館）、翻訳査読した『ミクロの森1㎡の原生林が語る生命・進化・地球』（築地書館）など多数ある。

プレゼントつきアンケート

今後の企画参考のためにアンケートにご協力ください。抽選で記念品として図書カードをプレゼントします。
https://gakken-ep.jp/extra/sciencebook_q/